한솔 완벽한 연산

수학은 마라톤입니다.
지금 여러분은 출발 지점에 서 있습니다.
초등학교 저학년 때는
수학 마라톤을 잘 하기 위해
기초 체력을 튼튼히 길러야 합니다.

한솔 완벽한 연산으로 시작하세요.
마라톤을 잘 뛸 수 있는 완벽한 연산 실력을 키워줍니다.

이 책이 궁금해요!

왜 완벽한 연산인가요?

기초 연산은 물론, 학교 연산까지 이 책 시리즈 하나면 완벽하게 끝나기 때문입니다. '한솔 완벽한 연산'은 하루 8쪽씩, 5일 동안 4주분을 학습하고, 마지막 주에는 학교 시험에 완벽하게 대비할 수 있도록 '연산 UP' 16쪽을 추가로 제공합니다.

매일 꾸준한 연습으로 연산 실력을 키우기에 충분한 학습량입니다.

'한솔 완벽한 연산' 하나면 기초 연산도 학교 연산도 완벽하게 대비할 수 있습니다.

몇 단계로 구성되고, 몇 학년이 풀 수 있나요?

모두 6단계로 구성되어 있습니다.

'한솔 완벽한 연산'은 한 단계가 1개 학년이 아닙니다. 연산의 기초 훈련이 가장 필요한 시기인 초등 2~3학년에 집중하여 여러 단계로 구성하였습니다.

이 시기에는 수학의 기초 체력을 튼튼히 길러야 하니까요.

단계	권장 학년	학습 내용
MA	6~7세	100까지의 수, 더하기와 빼기
MB	초등 1~2학년	한 자리 수의 덧셈, 두 자리 수의 덧셈
MC	초등 1~2학년	두 자리 수의 덧셈과 뺄셈
MD	초등 2~3학년	두·세 자리 수의 덧셈과 뺄셈
ME	초등 2~3학년	곱셈구구, (두·세 자리 수)×(한 자리 수), (두·세 자리 수)÷(한 자리 수)
MF	초등 3~4학년	(두·세 자리 수)×(두 자리 수), (두·세 자리 수)÷(두 자리 수), 분수·소수의 덧셈과 뺄셈

책 한 권은 어떻게 구성되어 있나요?

책 한 권은 모두 4주 학습으로 구성되어 있습니다.
한 주는 모두 40쪽으로 하루에 8쪽씩, 5일 동안 푸는 것을 권장합니다.
마지막 5주차에는 학교 시험에 대비할 수 있는 '연산 UP'을 학습합니다.

'한솔 완벽한 연산'도 매일매일 풀어야 하나요?

물론입니다. 매일매일 규칙적으로 연습을 해야 연산 능력이 향상되기 때문입니다.
월요일부터 금요일까지 매일 8쪽씩, 4주 동안 규칙적으로 풀고, 마지막 주에 '연산 UP' 16쪽을 다 풀면 한 권 학습이 끝납니다.
매일매일 푸는 습관이 잡히면 개인 진도에 따라 두 달에 3권을 푸는 것도 가능합니다.

하루 8쪽씩이라구요? 너무 많은 양 아닌가요?

'한솔 완벽한 연산'은 술술 풀면서 잘 넘어가는 학습지입니다.
공부하는 학생 입장에서는 빡빡한 문제를 4쪽 푸는 것보다 술술 넘어가는 문제를 8쪽 푸는 것이 훨씬 큰 성취감을 느낄 수 있습니다.
'한솔 완벽한 연산'은 학생의 연령을 고려해 쪽당 학습량을 전략적으로 구성했습니다. 그래서 학생이 부담을 덜 느끼면서 효과적으로 학습할 수 있습니다.

학교 진도와 맞추려면 어떻게 공부해야 하나요?

이 책은 한 권을 한 달 동안 푸는 것을 권장합니다.
각 단계별 학교 진도는 다음과 같습니다.

단계	MA	MB	MC	MD	ME	MF
권 수	8권	5권	7권	7권	7권	7권
학교 진도	초등 이전	초등 1학년	초등 2학년	초등 3학년	초등 3학년	초등 4학년

초등학교 1학년이 3월에 MB 단계부터 매달 1권씩 꾸준히 푼다고 한다면 2학년이 시작될 때 MD 단계를 풀게 되고, 3학년 때 MF 단계(4학년 과정)까지 마무리할 수 있습니다.
이 책 시리즈로 꼼꼼히 학습하게 되면 일반 방문학습지 못지 않게 충분한 연산 실력을 쌓게 되고 조금씩 다음 학년 진도까지 학습할 수 있다는 장점이 있습니다.
매일 꾸준히 성실하게 학습한다면 학년 구분 없이 원하는 진도를 스스로 계획하고 진행해 나갈 수 있습니다.

'연산 UP'은 어떻게 공부해야 하나요?

'연산 UP'은 4주 동안 훈련한 연산 능력을 확인하는 과정이자 학교에서 흔히 접하는 계산 유형 문제까지 접할 수 있는 코너입니다.
'연산 UP'의 구성은 다음과 같습니다.

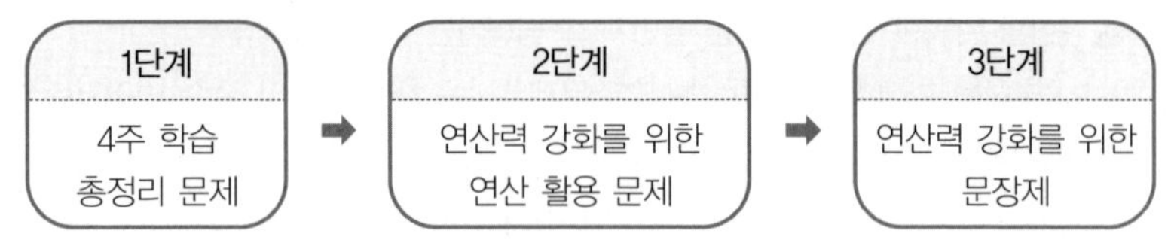

'연산 UP'은 모두 16쪽으로 구성되었으므로 하루 8쪽씩 2일 동안 학습하고, 다음 단계로 진행할 것을 권장합니다.

학습 구성

MA 6~7세

권	제목	주차별 학습 내용	
1	20까지의 수 1	1주	5까지의 수 (1)
		2주	5까지의 수 (2)
		3주	5까지의 수 (3)
		4주	10까지의 수
2	20까지의 수 2	1주	10까지의 수 (1)
		2주	10까지의 수 (2)
		3주	20까지의 수 (1)
		4주	20까지의 수 (2)
3	20까지의 수 3	1주	20까지의 수 (1)
		2주	20까지의 수 (2)
		3주	20까지의 수 (3)
		4주	20까지의 수 (4)
4	50까지의 수	1주	50까지의 수 (1)
		2주	50까지의 수 (2)
		3주	50까지의 수 (3)
		4주	50까지의 수 (4)
5	1000까지의 수	1주	100까지의 수 (1)
		2주	100까지의 수 (2)
		3주	100까지의 수 (3)
		4주	1000까지의 수
6	수 가르기와 모으기	1주	수 가르기 (1)
		2주	수 가르기 (2)
		3주	수 모으기 (1)
		4주	수 모으기 (2)
7	덧셈의 기초	1주	상황 속 덧셈
		2주	더하기 1
		3주	더하기 2
		4주	더하기 3
8	뺄셈의 기초	1주	상황 속 뺄셈
		2주	빼기 1
		3주	빼기 2
		4주	빼기 3

MB 초등 1 · 2학년 ①

권	제목	주차별 학습 내용	
1	덧셈 1	1주	받아올림이 없는 (한 자리 수)+(한 자리 수) (1)
		2주	받아올림이 없는 (한 자리 수)+(한 자리 수) (2)
		3주	받아올림이 없는 (한 자리 수)+(한 자리 수) (3)
		4주	받아올림이 없는 (두 자리 수)+(한 자리 수)
2	덧셈 2	1주	받아올림이 없는 (두 자리 수)+(한 자리 수)
		2주	받아올림이 있는 (한 자리 수)+(한 자리 수) (1)
		3주	받아올림이 있는 (한 자리 수)+(한 자리 수) (2)
		4주	받아올림이 있는 (한 자리 수)+(한 자리 수) (3)
3	뺄셈 1	1주	(한 자리 수)−(한 자리 수) (1)
		2주	(한 자리 수)−(한 자리 수) (2)
		3주	(한 자리 수)−(한 자리 수) (3)
		4주	받아내림이 없는 (두 자리 수)−(한 자리 수)
4	뺄셈 2	1주	받아내림이 없는 (두 자리 수)−(한 자리 수)
		2주	받아내림이 있는 (두 자리 수)−(한 자리 수) (1)
		3주	받아내림이 있는 (두 자리 수)−(한 자리 수) (2)
		4주	받아내림이 있는 (두 자리 수)−(한 자리 수) (3)
5	덧셈과 뺄셈의 완성	1주	(한 자리 수)+(한 자리 수), (한 자리 수)−(한 자리 수)
		2주	세 수의 덧셈, 세 수의 뺄셈 (1)
		3주	(한 자리 수)+(한 자리 수), (두 자리 수)−(한 자리 수)
		4주	세 수의 덧셈, 세 수의 뺄셈 (2)

MC 초등 1 · 2학년 ②

권	제목	주차별 학습 내용	
1	두 자리 수의 덧셈 1	1주	받아올림이 없는 (두 자리 수)+(한 자리 수)
		2주	몇십 만들기
		3주	받아올림이 있는 (두 자리 수)+(한 자리 수) (1)
		4주	받아올림이 있는 (두 자리 수)+(한 자리 수) (2)
2	두 자리 수의 덧셈 2	1주	받아올림이 없는 (두 자리 수)+(두 자리 수) (1)
		2주	받아올림이 없는 (두 자리 수)+(두 자리 수) (2)
		3주	받아올림이 없는 (두 자리 수)+(두 자리 수) (3)
		4주	받아올림이 없는 (두 자리 수)+(두 자리 수) (4)
3	두 자리 수의 덧셈 3	1주	받아올림이 있는 (두 자리 수)+(두 자리 수) (1)
		2주	받아올림이 있는 (두 자리 수)+(두 자리 수) (2)
		3주	받아올림이 있는 (두 자리 수)+(두 자리 수) (3)
		4주	받아올림이 있는 (두 자리 수)+(두 자리 수) (4)
4	두 자리 수의 뺄셈 1	1주	받아내림이 없는 (두 자리 수)–(한 자리 수)
		2주	몇십에서 빼기
		3주	받아내림이 있는 (두 자리 수)–(한 자리 수) (1)
		4주	받아내림이 있는 (두 자리 수)–(한 자리 수) (2)
5	두 자리 수의 뺄셈 2	1주	받아내림이 없는 (두 자리 수)–(두 자리 수) (1)
		2주	받아내림이 없는 (두 자리 수)–(두 자리 수) (2)
		3주	받아내림이 없는 (두 자리 수)–(두 자리 수) (3)
		4주	받아내림이 없는 (두 자리 수)–(두 자리 수) (4)
6	두 자리 수의 뺄셈 3	1주	받아내림이 있는 (두 자리 수)–(두 자리 수) (1)
		2주	받아내림이 있는 (두 자리 수)–(두 자리 수) (2)
		3주	받아내림이 있는 (두 자리 수)–(두 자리 수) (3)
		4주	받아내림이 있는 (두 자리 수)–(두 자리 수) (4)
7	덧셈과 뺄셈의 완성	1주	세 수의 덧셈
		2주	세 수의 뺄셈
		3주	(두 자리 수)+(한 자리 수), (두 자리 수)–(한 자리 수) 종합
		4주	(두 자리 수)+(두 자리 수), (두 자리 수)–(두 자리 수) 종합

MD 초등 2 · 3학년 ①

권	제목	주차별 학습 내용	
1	두 자리 수의 덧셈	1주	받아올림이 있는 (두 자리 수)+(두 자리 수) (1)
		2주	받아올림이 있는 (두 자리 수)+(두 자리 수) (2)
		3주	받아올림이 있는 (두 자리 수)+(두 자리 수) (3)
		4주	받아올림이 있는 (두 자리 수)+(두 자리 수) (4)
2	세 자리 수의 덧셈 1	1주	받아올림이 없는 (세 자리 수)+(두 자리 수)
		2주	받아올림이 있는 (세 자리 수)+(두 자리 수) (1)
		3주	받아올림이 있는 (세 자리 수)+(두 자리 수) (2)
		4주	받아올림이 있는 (세 자리 수)+(두 자리 수) (3)
3	세 자리 수의 덧셈 2	1주	받아올림이 있는 (세 자리 수)+(세 자리 수) (1)
		2주	받아올림이 있는 (세 자리 수)+(세 자리 수) (2)
		3주	받아올림이 있는 (세 자리 수)+(세 자리 수) (3)
		4주	받아올림이 있는 (세 자리 수)+(세 자리 수) (4)
4	두·세 자리 수의 뺄셈	1주	받아내림이 있는 (두 자리 수)–(두 자리 수) (1)
		2주	받아내림이 있는 (두 자리 수)–(두 자리 수) (2)
		3주	받아내림이 있는 (두 자리 수)–(두 자리 수) (3)
		4주	받아내림이 없는 (세 자리 수)–(두 자리 수)
5	세 자리 수의 뺄셈 1	1주	받아내림이 있는 (세 자리 수)–(두 자리 수) (1)
		2주	받아내림이 있는 (세 자리 수)–(두 자리 수) (2)
		3주	받아내림이 있는 (세 자리 수)–(두 자리 수) (3)
		4주	받아내림이 있는 (세 자리 수)–(두 자리 수) (4)
6	세 자리 수의 뺄셈 2	1주	받아내림이 있는 (세 자리 수)–(세 자리 수) (1)
		2주	받아내림이 있는 (세 자리 수)–(세 자리 수) (2)
		3주	받아내림이 있는 (세 자리 수)–(세 자리 수) (3)
		4주	받아내림이 있는 (세 자리 수)–(세 자리 수) (4)
7	덧셈과 뺄셈의 완성	1주	덧셈의 완성 (1)
		2주	덧셈의 완성 (2)
		3주	뺄셈의 완성 (1)
		4주	뺄셈의 완성 (2)

ME 초등 2 · 3학년 ②

권	제목	주차별 학습 내용	
1	곱셈구구	1주	곱셈구구 (1)
		2주	곱셈구구 (2)
		3주	곱셈구구 (3)
		4주	곱셈구구 (4)
2	(두 자리 수)×(한 자리 수) 1	1주	곱셈구구 종합
		2주	(두 자리 수)×(한 자리 수) (1)
		3주	(두 자리 수)×(한 자리 수) (2)
		4주	(두 자리 수)×(한 자리 수) (3)
3	(두 자리 수)×(한 자리 수) 2	1주	(두 자리 수)×(한 자리 수) (1)
		2주	(두 자리 수)×(한 자리 수) (2)
		3주	(두 자리 수)×(한 자리 수) (3)
		4주	(두 자리 수)×(한 자리 수) (4)
4	(세 자리 수)×(한 자리 수)	1주	(세 자리 수)×(한 자리 수) (1)
		2주	(세 자리 수)×(한 자리 수) (2)
		3주	(세 자리 수)×(한 자리 수) (3)
		4주	곱셈 종합
5	(두 자리 수)÷(한 자리 수) 1	1주	나눗셈의 기초 (1)
		2주	나눗셈의 기초 (2)
		3주	나눗셈의 기초 (3)
		4주	(두 자리 수)÷(한 자리 수)
6	(두 자리 수)÷(한 자리 수) 2	1주	(두 자리 수)÷(한 자리 수) (1)
		2주	(두 자리 수)÷(한 자리 수) (2)
		3주	(두 자리 수)÷(한 자리 수) (3)
		4주	(두 자리 수)÷(한 자리 수) (4)
7	(두·세 자리 수)÷(한 자리 수)	1주	(두 자리 수)÷(한 자리 수) (1)
		2주	(두 자리 수)÷(한 자리 수) (2)
		3주	(세 자리 수)÷(한 자리 수) (1)
		4주	(세 자리 수)÷(한 자리 수) (2)

MF 초등 3 · 4학년

권	제목	주차별 학습 내용	
1	(두 자리 수)×(두 자리 수)	1주	(두 자리 수)×(한 자리 수)
		2주	(두 자리 수)×(두 자리 수) (1)
		3주	(두 자리 수)×(두 자리 수) (2)
		4주	(두 자리 수)×(두 자리 수) (3)
2	(두·세 자리 수)×(두 자리 수)	1주	(두 자리 수)×(두 자리 수)
		2주	(세 자리 수)×(두 자리 수) (1)
		3주	(세 자리 수)×(두 자리 수) (2)
		4주	곱셈의 완성
3	(두 자리 수)÷(두 자리 수)	1주	(두 자리 수)÷(두 자리 수) (1)
		2주	(두 자리 수)÷(두 자리 수) (2)
		3주	(두 자리 수)÷(두 자리 수) (3)
		4주	(두 자리 수)÷(두 자리 수) (4)
4	(세 자리 수)÷(두 자리 수)	1주	(세 자리 수)÷(두 자리 수) (1)
		2주	(세 자리 수)÷(두 자리 수) (2)
		3주	(세 자리 수)÷(두 자리 수) (3)
		4주	나눗셈의 완성
5	혼합 계산	1주	혼합 계산 (1)
		2주	혼합 계산 (2)
		3주	혼합 계산 (3)
		4주	곱셈과 나눗셈, 혼합 계산 총정리
6	분수의 덧셈과 뺄셈	1주	분수의 덧셈 (1)
		2주	분수의 덧셈 (2)
		3주	분수의 뺄셈 (1)
		4주	분수의 뺄셈 (2)
7	소수의 덧셈과 뺄셈	1주	분수의 덧셈과 뺄셈
		2주	소수의 기초, 소수의 덧셈과 뺄셈 (1)
		3주	소수의 덧셈과 뺄셈 (2)
		4주	소수의 덧셈과 뺄셈 (3)

주별 학습 내용 MF단계 ❷권

1주 (두 자리 수)×(두 자리 수) 9

2주 (세 자리 수)×(두 자리 수) (1) 51

3주 (세 자리 수)×(두 자리 수) (2) 93

4주 곱셈의 완성 135

연산 UP 177

정답 195

(두 자리 수)×(두 자리 수)

요일	교재 번호	학습한 날짜	확인
1일차(월)	01~08	월 일	
2일차(화)	09~16	월 일	
3일차(수)	17~24	월 일	
4일차(목)	25~32	월 일	
5일차(금)	33~40	월 일	

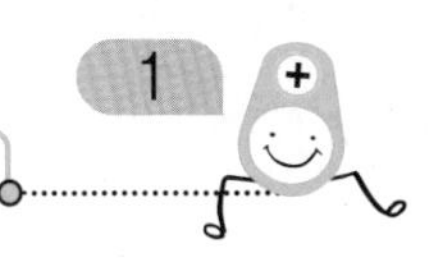

● 곱셈을 하시오.

(1)
$$\begin{array}{r} 16 \\ \times\ 48 \\ \hline \end{array}$$

(2)
$$\begin{array}{r} 32 \\ \times\ 38 \\ \hline \end{array}$$

(3)
$$\begin{array}{r} 45 \\ \times\ 20 \\ \hline \end{array}$$

(4)
$$\begin{array}{r} 54 \\ \times\ 75 \\ \hline \end{array}$$

(5)
$$\begin{array}{r} 68 \\ \times\ 27 \\ \hline \end{array}$$

(6)
$$\begin{array}{r} 87 \\ \times\ 54 \\ \hline \end{array}$$

(7)
$$\begin{array}{r} 39 \\ \times\ 27 \\ \hline \end{array}$$

(8)
$$\begin{array}{r} 54 \\ \times\ 67 \\ \hline \end{array}$$

(9)
$$\begin{array}{r} 74 \\ \times\ 32 \\ \hline \end{array}$$

(10)
$$\begin{array}{r} 46 \\ \times\ 46 \\ \hline \end{array}$$

(11)
$$\begin{array}{r} 68 \\ \times\ 45 \\ \hline \end{array}$$

(12)
$$\begin{array}{r} 93 \\ \times\ 23 \\ \hline \end{array}$$

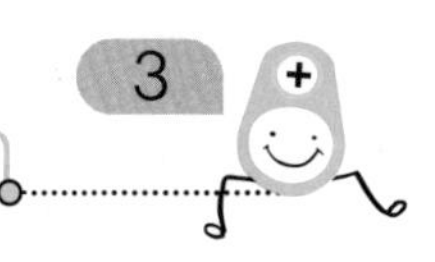

● 곱셈을 하시오.

(1)
$$\begin{array}{r} 12 \\ \times\ 12 \\ \hline \end{array}$$

(2)
$$\begin{array}{r} 29 \\ \times\ 30 \\ \hline \end{array}$$

(3)
$$\begin{array}{r} 42 \\ \times\ 19 \\ \hline \end{array}$$

(4)
$$\begin{array}{r} 35 \\ \times\ 26 \\ \hline \end{array}$$

(5)
$$\begin{array}{r} 40 \\ \times\ 57 \\ \hline \end{array}$$

(6)
$$\begin{array}{r} 56 \\ \times\ 47 \\ \hline \end{array}$$

(7)
$$\begin{array}{r} 17 \\ \times\ 59 \\ \hline \end{array}$$

(8)
$$\begin{array}{r} 33 \\ \times\ 23 \\ \hline \end{array}$$

(9)
$$\begin{array}{r} 46 \\ \times\ 32 \\ \hline \end{array}$$

(10)
$$\begin{array}{r} 45 \\ \times\ 27 \\ \hline \end{array}$$

(11)
$$\begin{array}{r} 50 \\ \times\ 40 \\ \hline \end{array}$$

(12)
$$\begin{array}{r} 58 \\ \times\ 36 \\ \hline \end{array}$$

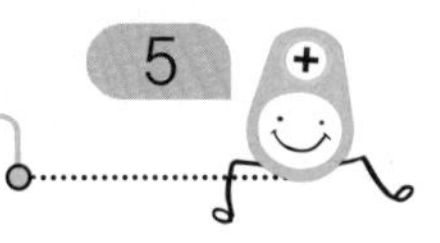

● 곱셈을 하시오.

(1)
$$\begin{array}{r} 12 \\ \times\ 44 \\ \hline \end{array}$$

(2)
$$\begin{array}{r} 27 \\ \times\ 52 \\ \hline \end{array}$$

(3)
$$\begin{array}{r} 30 \\ \times\ 37 \\ \hline \end{array}$$

(4)
$$\begin{array}{r} 34 \\ \times\ 47 \\ \hline \end{array}$$

(5)
$$\begin{array}{r} 42 \\ \times\ 29 \\ \hline \end{array}$$

(6)
$$\begin{array}{r} 56 \\ \times\ 14 \\ \hline \end{array}$$

(7)
$$\begin{array}{r} 18 \\ \times\ 56 \\ \hline \end{array}$$

(8)
$$\begin{array}{r} 25 \\ \times\ 32 \\ \hline \end{array}$$

(9)
$$\begin{array}{r} 43 \\ \times\ 12 \\ \hline \end{array}$$

(10)
$$\begin{array}{r} 38 \\ \times\ 50 \\ \hline \end{array}$$

(11)
$$\begin{array}{r} 56 \\ \times\ 24 \\ \hline \end{array}$$

(12)
$$\begin{array}{r} 67 \\ \times\ 47 \\ \hline \end{array}$$

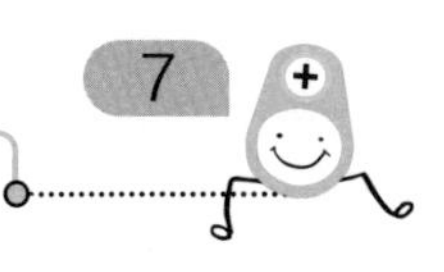

● 곱셈을 하시오.

(1) $\begin{array}{r} 16 \\ \times\ 54 \\ \hline \end{array}$

(2) $\begin{array}{r} 21 \\ \times\ 63 \\ \hline \end{array}$

(3) $\begin{array}{r} 45 \\ \times\ 52 \\ \hline \end{array}$

(4) $\begin{array}{r} 30 \\ \times\ 40 \\ \hline \end{array}$

(5) $\begin{array}{r} 58 \\ \times\ 23 \\ \hline \end{array}$

(6) $\begin{array}{r} 69 \\ \times\ 37 \\ \hline \end{array}$

(7)
$$\begin{array}{r} 17 \\ \times\ 53 \\ \hline \end{array}$$

(8)
$$\begin{array}{r} 20 \\ \times\ 36 \\ \hline \end{array}$$

(9)
$$\begin{array}{r} 46 \\ \times\ 29 \\ \hline \end{array}$$

(10)
$$\begin{array}{r} 32 \\ \times\ 23 \\ \hline \end{array}$$

(11)
$$\begin{array}{r} 52 \\ \times\ 48 \\ \hline \end{array}$$

(12)
$$\begin{array}{r} 64 \\ \times\ 36 \\ \hline \end{array}$$

● 곱셈을 하시오.

(1) $\begin{array}{r} 15 \\ \times\ 43 \\ \hline \end{array}$

(4) $\begin{array}{r} 30 \\ \times\ 18 \\ \hline \end{array}$

(2) $\begin{array}{r} 25 \\ \times\ 25 \\ \hline \end{array}$

(5) $\begin{array}{r} 43 \\ \times\ 39 \\ \hline \end{array}$

(3) $\begin{array}{r} 39 \\ \times\ 40 \\ \hline \end{array}$

(6) $\begin{array}{r} 57 \\ \times\ 55 \\ \hline \end{array}$

(7)
$$\begin{array}{r} 18 \\ \times\ 51 \\ \hline \end{array}$$

(8)
$$\begin{array}{r} 26 \\ \times\ 32 \\ \hline \end{array}$$

(9)
$$\begin{array}{r} 34 \\ \times\ 48 \\ \hline \end{array}$$

(10)
$$\begin{array}{r} 43 \\ \times\ 27 \\ \hline \end{array}$$

(11)
$$\begin{array}{r} 58 \\ \times\ 35 \\ \hline \end{array}$$

(12)
$$\begin{array}{r} 50 \\ \times\ 48 \\ \hline \end{array}$$

● 곱셈을 하시오.

(1)
$$\begin{array}{r} 37 \\ \times\ 53 \\ \hline \end{array}$$

(2)
$$\begin{array}{r} 48 \\ \times\ 63 \\ \hline \end{array}$$

(3)
$$\begin{array}{r} 65 \\ \times\ 39 \\ \hline \end{array}$$

(4)
$$\begin{array}{r} 53 \\ \times\ 12 \\ \hline \end{array}$$

(5)
$$\begin{array}{r} 70 \\ \times\ 26 \\ \hline \end{array}$$

(6)
$$\begin{array}{r} 75 \\ \times\ 40 \\ \hline \end{array}$$

(7) $\begin{array}{r} 38 \\ \times\ 24 \\ \hline \end{array}$

(8) $\begin{array}{r} 41 \\ \times\ 54 \\ \hline \end{array}$

(9) $\begin{array}{r} 46 \\ \times\ 67 \\ \hline \end{array}$

(10) $\begin{array}{r} 53 \\ \times\ 72 \\ \hline \end{array}$

(11) $\begin{array}{r} 60 \\ \times\ 50 \\ \hline \end{array}$

(12) $\begin{array}{r} 75 \\ \times\ 34 \\ \hline \end{array}$

● 곱셈을 하시오.

(1)
$$\begin{array}{r} 32 \\ \times\ 32 \\ \hline \end{array}$$

(2)
$$\begin{array}{r} 49 \\ \times\ 28 \\ \hline \end{array}$$

(3)
$$\begin{array}{r} 53 \\ \times\ 47 \\ \hline \end{array}$$

(4)
$$\begin{array}{r} 65 \\ \times\ 52 \\ \hline \end{array}$$

(5)
$$\begin{array}{r} 67 \\ \times\ 64 \\ \hline \end{array}$$

(6)
$$\begin{array}{r} 70 \\ \times\ 37 \\ \hline \end{array}$$

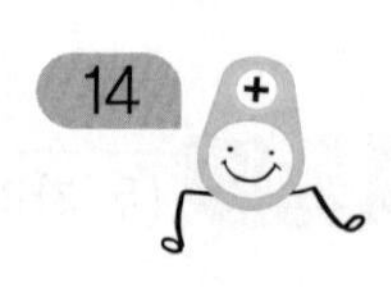

(7) $\begin{array}{r} 3\ 0 \\ \times\ 6\ 6 \\ \hline \end{array}$

(8) $\begin{array}{r} 4\ 8 \\ \times\ 2\ 1 \\ \hline \end{array}$

(9) $\begin{array}{r} 5\ 6 \\ \times\ 7\ 3 \\ \hline \end{array}$

(10) $\begin{array}{r} 5\ 8 \\ \times\ 6\ 4 \\ \hline \end{array}$

(11) $\begin{array}{r} 6\ 9 \\ \times\ 3\ 2 \\ \hline \end{array}$

(12) $\begin{array}{r} 7\ 7 \\ \times\ 4\ 3 \\ \hline \end{array}$

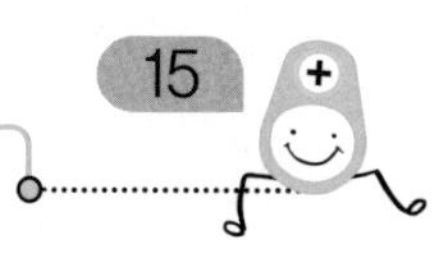

● 곱셈을 하시오.

(1)
$$\begin{array}{r} 31 \\ \times\ 58 \\ \hline \end{array}$$

(4)
$$\begin{array}{r} 52 \\ \times\ 36 \\ \hline \end{array}$$

(2)
$$\begin{array}{r} 44 \\ \times\ 27 \\ \hline \end{array}$$

(5)
$$\begin{array}{r} 70 \\ \times\ 40 \\ \hline \end{array}$$

(3)
$$\begin{array}{r} 65 \\ \times\ 70 \\ \hline \end{array}$$

(6)
$$\begin{array}{r} 77 \\ \times\ 28 \\ \hline \end{array}$$

(7)
$$\begin{array}{r} 33 \\ \times\ 42 \\ \hline \end{array}$$

(8)
$$\begin{array}{r} 49 \\ \times\ 26 \\ \hline \end{array}$$

(9)
$$\begin{array}{r} 57 \\ \times\ 56 \\ \hline \end{array}$$

(10)
$$\begin{array}{r} 57 \\ \times\ 27 \\ \hline \end{array}$$

(11)
$$\begin{array}{r} 60 \\ \times\ 37 \\ \hline \end{array}$$

(12)
$$\begin{array}{r} 78 \\ \times\ 65 \\ \hline \end{array}$$

● 곱셈을 하시오.

(1)
$$\begin{array}{r} 34 \\ \times\ 15 \\ \hline \end{array}$$

(2)
$$\begin{array}{r} 42 \\ \times\ 23 \\ \hline \end{array}$$

(3)
$$\begin{array}{r} 55 \\ \times\ 46 \\ \hline \end{array}$$

(4)
$$\begin{array}{r} 69 \\ \times\ 34 \\ \hline \end{array}$$

(5)
$$\begin{array}{r} 70 \\ \times\ 50 \\ \hline \end{array}$$

(6)
$$\begin{array}{r} 77 \\ \times\ 39 \\ \hline \end{array}$$

(7)
$$\begin{array}{r} 39 \\ \times\ 56 \\ \hline \end{array}$$

(8)
$$\begin{array}{r} 48 \\ \times\ 46 \\ \hline \end{array}$$

(9)
$$\begin{array}{r} 64 \\ \times\ 12 \\ \hline \end{array}$$

(10)
$$\begin{array}{r} 58 \\ \times\ 21 \\ \hline \end{array}$$

(11)
$$\begin{array}{r} 60 \\ \times\ 75 \\ \hline \end{array}$$

(12)
$$\begin{array}{r} 78 \\ \times\ 35 \\ \hline \end{array}$$

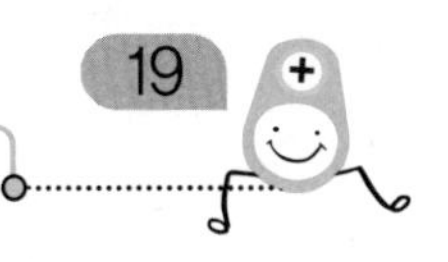

● 곱셈을 하시오.

(1)
$$\begin{array}{r} 53 \\ \times\ 32 \\ \hline \end{array}$$

(2)
$$\begin{array}{r} 65 \\ \times\ 18 \\ \hline \end{array}$$

(3)
$$\begin{array}{r} 70 \\ \times\ 39 \\ \hline \end{array}$$

(4)
$$\begin{array}{r} 55 \\ \times\ 70 \\ \hline \end{array}$$

(5)
$$\begin{array}{r} 67 \\ \times\ 45 \\ \hline \end{array}$$

(6)
$$\begin{array}{r} 72 \\ \times\ 24 \\ \hline \end{array}$$

(7)
$$\begin{array}{r} 52 \\ \times\ 32 \\ \hline \end{array}$$

(8)
$$\begin{array}{r} 63 \\ \times\ 26 \\ \hline \end{array}$$

(9)
$$\begin{array}{r} 76 \\ \times\ 17 \\ \hline \end{array}$$

(10)
$$\begin{array}{r} 52 \\ \times\ 68 \\ \hline \end{array}$$

(11)
$$\begin{array}{r} 78 \\ \times\ 45 \\ \hline \end{array}$$

(12)
$$\begin{array}{r} 89 \\ \times\ 35 \\ \hline \end{array}$$

● 곱셈을 하시오.

(1)
$$\begin{array}{r} 57 \\ \times\ 33 \\ \hline \end{array}$$

(2)
$$\begin{array}{r} 60 \\ \times\ 38 \\ \hline \end{array}$$

(3)
$$\begin{array}{r} 76 \\ \times\ 25 \\ \hline \end{array}$$

(4)
$$\begin{array}{r} 58 \\ \times\ 50 \\ \hline \end{array}$$

(5)
$$\begin{array}{r} 64 \\ \times\ 46 \\ \hline \end{array}$$

(6)
$$\begin{array}{r} 79 \\ \times\ 19 \\ \hline \end{array}$$

(7) $\begin{array}{r} 57 \\ \times\ 59 \\ \hline \end{array}$

(8) $\begin{array}{r} 73 \\ \times\ 29 \\ \hline \end{array}$

(9) $\begin{array}{r} 80 \\ \times\ 18 \\ \hline \end{array}$

(10) $\begin{array}{r} 58 \\ \times\ 71 \\ \hline \end{array}$

(11) $\begin{array}{r} 65 \\ \times\ 32 \\ \hline \end{array}$

(12) $\begin{array}{r} 92 \\ \times\ 44 \\ \hline \end{array}$

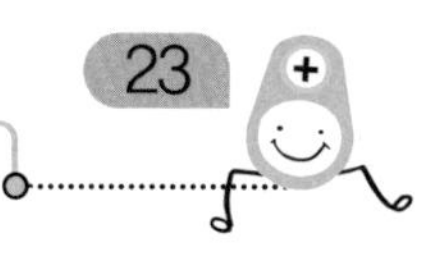

● 곱셈을 하시오.

(1) $\begin{array}{r} 54 \\ \times\ 22 \\ \hline \end{array}$

(2) $\begin{array}{r} 67 \\ \times\ 17 \\ \hline \end{array}$

(3) $\begin{array}{r} 80 \\ \times\ 25 \\ \hline \end{array}$

(4) $\begin{array}{r} 58 \\ \times\ 60 \\ \hline \end{array}$

(5) $\begin{array}{r} 63 \\ \times\ 48 \\ \hline \end{array}$

(6) $\begin{array}{r} 79 \\ \times\ 34 \\ \hline \end{array}$

(7)
$$\begin{array}{r} 50 \\ \times\ 80 \\ \hline \end{array}$$

(10)
$$\begin{array}{r} 58 \\ \times\ 45 \\ \hline \end{array}$$

(8)
$$\begin{array}{r} 61 \\ \times\ 93 \\ \hline \end{array}$$

(11)
$$\begin{array}{r} 62 \\ \times\ 52 \\ \hline \end{array}$$

(9)
$$\begin{array}{r} 75 \\ \times\ 32 \\ \hline \end{array}$$

(12)
$$\begin{array}{r} 85 \\ \times\ 27 \\ \hline \end{array}$$

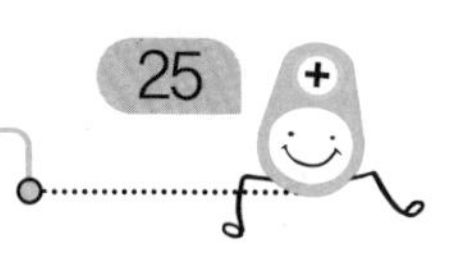

● 곱셈을 하시오.

(1)
$$\begin{array}{r} 55 \\ \times\ 18 \\ \hline \end{array}$$

(4)
$$\begin{array}{r} 63 \\ \times\ 33 \\ \hline \end{array}$$

(2)
$$\begin{array}{r} 65 \\ \times\ 27 \\ \hline \end{array}$$

(5)
$$\begin{array}{r} 78 \\ \times\ 42 \\ \hline \end{array}$$

(3)
$$\begin{array}{r} 72 \\ \times\ 39 \\ \hline \end{array}$$

(6)
$$\begin{array}{r} 80 \\ \times\ 68 \\ \hline \end{array}$$

(7)
$$\begin{array}{r} 50 \\ \times\ 82 \\ \hline \end{array}$$

(8)
$$\begin{array}{r} 65 \\ \times\ 58 \\ \hline \end{array}$$

(9)
$$\begin{array}{r} 73 \\ \times\ 26 \\ \hline \end{array}$$

(10)
$$\begin{array}{r} 64 \\ \times\ 32 \\ \hline \end{array}$$

(11)
$$\begin{array}{r} 79 \\ \times\ 16 \\ \hline \end{array}$$

(12)
$$\begin{array}{r} 84 \\ \times\ 48 \\ \hline \end{array}$$

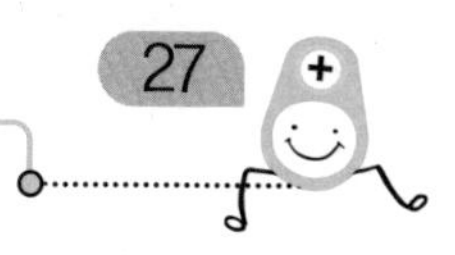

● 곱셈을 하시오.

(1)
$$\begin{array}{r} 15 \\ \times\ 15 \\ \hline \end{array}$$

(4)
$$\begin{array}{r} 43 \\ \times\ 51 \\ \hline \end{array}$$

(2)
$$\begin{array}{r} 20 \\ \times\ 78 \\ \hline \end{array}$$

(5)
$$\begin{array}{r} 55 \\ \times\ 38 \\ \hline \end{array}$$

(3)
$$\begin{array}{r} 37 \\ \times\ 47 \\ \hline \end{array}$$

(6)
$$\begin{array}{r} 62 \\ \times\ 24 \\ \hline \end{array}$$

(7) $\begin{array}{r} 22 \\ \times\ 54 \\ \hline \end{array}$

(8) $\begin{array}{r} 30 \\ \times\ 60 \\ \hline \end{array}$

(9) $\begin{array}{r} 40 \\ \times\ 45 \\ \hline \end{array}$

(10) $\begin{array}{r} 59 \\ \times\ 18 \\ \hline \end{array}$

(11) $\begin{array}{r} 67 \\ \times\ 38 \\ \hline \end{array}$

(12) $\begin{array}{r} 74 \\ \times\ 25 \\ \hline \end{array}$

● 곱셈을 하시오.

(1)
$$\begin{array}{r} 34 \\ \times\ 21 \\ \hline \end{array}$$

(2)
$$\begin{array}{r} 48 \\ \times\ 73 \\ \hline \end{array}$$

(3)
$$\begin{array}{r} 57 \\ \times\ 39 \\ \hline \end{array}$$

(4)
$$\begin{array}{r} 68 \\ \times\ 48 \\ \hline \end{array}$$

(5)
$$\begin{array}{r} 74 \\ \times\ 69 \\ \hline \end{array}$$

(6)
$$\begin{array}{r} 83 \\ \times\ 13 \\ \hline \end{array}$$

(7)
$$\begin{array}{r} 35 \\ \times\ 80 \\ \hline \end{array}$$

(8)
$$\begin{array}{r} 40 \\ \times\ 68 \\ \hline \end{array}$$

(9)
$$\begin{array}{r} 52 \\ \times\ 57 \\ \hline \end{array}$$

(10)
$$\begin{array}{r} 68 \\ \times\ 75 \\ \hline \end{array}$$

(11)
$$\begin{array}{r} 73 \\ \times\ 38 \\ \hline \end{array}$$

(12)
$$\begin{array}{r} 95 \\ \times\ 26 \\ \hline \end{array}$$

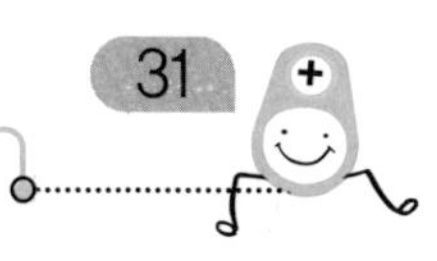

● 곱셈을 하시오.

(1)
$$\begin{array}{r} 25 \\ \times\ 56 \\ \hline \end{array}$$

(2)
$$\begin{array}{r} 33 \\ \times\ 12 \\ \hline \end{array}$$

(3)
$$\begin{array}{r} 40 \\ \times\ 79 \\ \hline \end{array}$$

(4)
$$\begin{array}{r} 53 \\ \times\ 36 \\ \hline \end{array}$$

(5)
$$\begin{array}{r} 68 \\ \times\ 29 \\ \hline \end{array}$$

(6)
$$\begin{array}{r} 74 \\ \times\ 42 \\ \hline \end{array}$$

(7) $\begin{array}{r} 25 \\ \times\ 82 \\ \hline \end{array}$

(8) $\begin{array}{r} 39 \\ \times\ 57 \\ \hline \end{array}$

(9) $\begin{array}{r} 47 \\ \times\ 60 \\ \hline \end{array}$

(10) $\begin{array}{r} 57 \\ \times\ 48 \\ \hline \end{array}$

(11) $\begin{array}{r} 63 \\ \times\ 24 \\ \hline \end{array}$

(12) $\begin{array}{r} 98 \\ \times\ 34 \\ \hline \end{array}$

● 곱셈을 하시오.

(1)
$$\begin{array}{r} 22 \\ \times\ 14 \\ \hline \end{array}$$

(4)
$$\begin{array}{r} 48 \\ \times\ 64 \\ \hline \end{array}$$

(2)
$$\begin{array}{r} 38 \\ \times\ 55 \\ \hline \end{array}$$

(5)
$$\begin{array}{r} 60 \\ \times\ 28 \\ \hline \end{array}$$

(3)
$$\begin{array}{r} 59 \\ \times\ 43 \\ \hline \end{array}$$

(6)
$$\begin{array}{r} 90 \\ \times\ 80 \\ \hline \end{array}$$

(7)
$$\begin{array}{r} 28 \\ \times\ 34 \\ \hline \end{array}$$

(8)
$$\begin{array}{r} 57 \\ \times\ 79 \\ \hline \end{array}$$

(9)
$$\begin{array}{r} 61 \\ \times\ 46 \\ \hline \end{array}$$

(10)
$$\begin{array}{r} 79 \\ \times\ 36 \\ \hline \end{array}$$

(11)
$$\begin{array}{r} 83 \\ \times\ 26 \\ \hline \end{array}$$

(12)
$$\begin{array}{r} 94 \\ \times\ 50 \\ \hline \end{array}$$

● 곱셈을 하시오.

(1)
$$\begin{array}{r} 34 \\ \times\ 12 \\ \hline \end{array}$$

(4)
$$\begin{array}{r} 40 \\ \times\ 87 \\ \hline \end{array}$$

(2)
$$\begin{array}{r} 54 \\ \times\ 65 \\ \hline \end{array}$$

(5)
$$\begin{array}{r} 76 \\ \times\ 33 \\ \hline \end{array}$$

(3)
$$\begin{array}{r} 67 \\ \times\ 20 \\ \hline \end{array}$$

(6)
$$\begin{array}{r} 95 \\ \times\ 52 \\ \hline \end{array}$$

(7)
$$\begin{array}{r} 24 \\ \times\ 36 \\ \hline \end{array}$$

(8)
$$\begin{array}{r} 30 \\ \times\ 64 \\ \hline \end{array}$$

(9)
$$\begin{array}{r} 46 \\ \times\ 87 \\ \hline \end{array}$$

(10)
$$\begin{array}{r} 54 \\ \times\ 29 \\ \hline \end{array}$$

(11)
$$\begin{array}{r} 66 \\ \times\ 74 \\ \hline \end{array}$$

(12)
$$\begin{array}{r} 93 \\ \times\ 55 \\ \hline \end{array}$$

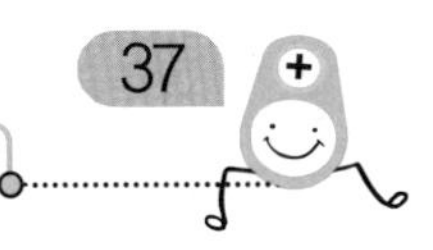

● 곱셈을 하시오.

(1) $\begin{array}{r} 13 \\ \times\ 62 \\ \hline \end{array}$

(4) $\begin{array}{r} 50 \\ \times\ 89 \\ \hline \end{array}$

(2) $\begin{array}{r} 27 \\ \times\ 35 \\ \hline \end{array}$

(5) $\begin{array}{r} 63 \\ \times\ 57 \\ \hline \end{array}$

(3) $\begin{array}{r} 49 \\ \times\ 72 \\ \hline \end{array}$

(6) $\begin{array}{r} 85 \\ \times\ 45 \\ \hline \end{array}$

(7) $\begin{array}{r} 13 \\ \times\ 23 \\ \hline \end{array}$

(8) $\begin{array}{r} 55 \\ \times\ 59 \\ \hline \end{array}$

(9) $\begin{array}{r} 68 \\ \times\ 85 \\ \hline \end{array}$

(10) $\begin{array}{r} 41 \\ \times\ 39 \\ \hline \end{array}$

(11) $\begin{array}{r} 70 \\ \times\ 60 \\ \hline \end{array}$

(12) $\begin{array}{r} 92 \\ \times\ 49 \\ \hline \end{array}$

● 곱셈을 하시오.

(1)
$$\begin{array}{r} 23 \\ \times\ 23 \\ \hline \end{array}$$

(4)
$$\begin{array}{r} 35 \\ \times\ 65 \\ \hline \end{array}$$

(2)
$$\begin{array}{r} 42 \\ \times\ 50 \\ \hline \end{array}$$

(5)
$$\begin{array}{r} 70 \\ \times\ 86 \\ \hline \end{array}$$

(3)
$$\begin{array}{r} 59 \\ \times\ 36 \\ \hline \end{array}$$

(6)
$$\begin{array}{r} 92 \\ \times\ 75 \\ \hline \end{array}$$

(7)
$$\begin{array}{r} 33 \\ \times\ 44 \\ \hline \end{array}$$

(8)
$$\begin{array}{r} 44 \\ \times\ 55 \\ \hline \end{array}$$

(9)
$$\begin{array}{r} 55 \\ \times\ 66 \\ \hline \end{array}$$

(10)
$$\begin{array}{r} 77 \\ \times\ 66 \\ \hline \end{array}$$

(11)
$$\begin{array}{r} 88 \\ \times\ 77 \\ \hline \end{array}$$

(12)
$$\begin{array}{r} 99 \\ \times\ 88 \\ \hline \end{array}$$

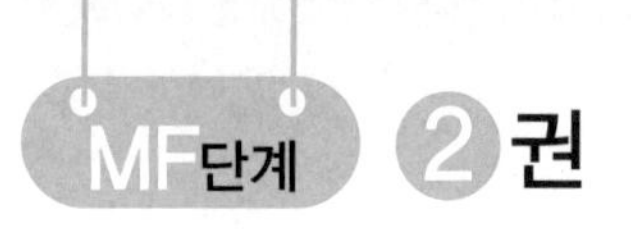

(세 자리 수)×(두 자리 수) (1)

요일	교재 번호	학습한 날짜	확인
1일차(월)	01~08	월 일	
2일차(화)	09~16	월 일	
3일차(수)	17~24	월 일	
4일차(목)	25~32	월 일	
5일차(금)	33~40	월 일	

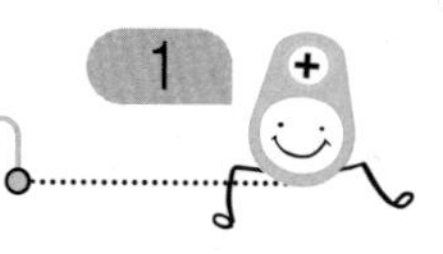

● 곱셈을 하시오.

(1)
$$\begin{array}{r} 20 \\ \times\ 30 \\ \hline \end{array}$$

(2)
$$\begin{array}{r} 50 \\ \times\ 40 \\ \hline \end{array}$$

(3)
$$\begin{array}{r} 60 \\ \times\ 70 \\ \hline \end{array}$$

(4)
$$\begin{array}{r} 42 \\ \times\ 80 \\ \hline \end{array}$$

(5)
$$\begin{array}{r} 36 \\ \times\ 50 \\ \hline \end{array}$$

(6)
$$\begin{array}{r} 19 \\ \times\ 60 \\ \hline \end{array}$$

(7)
$$\begin{array}{r} 90 \\ \times\ 32 \\ \hline \end{array}$$

(8)
$$\begin{array}{r} 40 \\ \times\ 75 \\ \hline \end{array}$$

(9)
$$\begin{array}{r} 80 \\ \times\ 76 \\ \hline \end{array}$$

(10)
$$\begin{array}{r} 18 \\ \times\ 70 \\ \hline \end{array}$$

(11)
$$\begin{array}{r} 11 \\ \times\ 11 \\ \hline \end{array}$$

(12)
$$\begin{array}{r} 22 \\ \times\ 22 \\ \hline \end{array}$$

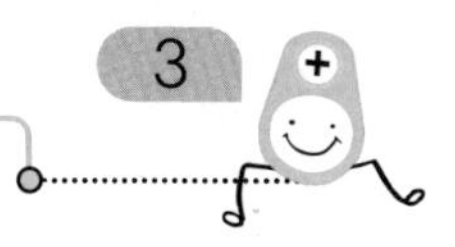

● 곱셈을 하시오.

(1)
$$\begin{array}{r} 300 \\ \times \quad 70 \\ \hline \end{array}$$

(2)
$$\begin{array}{r} 400 \\ \times \quad 30 \\ \hline \end{array}$$

(3)
$$\begin{array}{r} 500 \\ \times \quad 40 \\ \hline \end{array}$$

(4)
$$\begin{array}{r} 800 \\ \times \quad 20 \\ \hline \end{array}$$

(5)
$$\begin{array}{r} 600 \\ \times \quad 90 \\ \hline \end{array}$$

(6)
$$\begin{array}{r} 700 \\ \times \quad 90 \\ \hline \end{array}$$

(7) $\begin{array}{r} 200 \\ \times \quad 94 \\ \hline \end{array}$

(8) $\begin{array}{r} 300 \\ \times \quad 46 \\ \hline \end{array}$

(9) $\begin{array}{r} 400 \\ \times \quad 67 \\ \hline \end{array}$

(10) $\begin{array}{r} 500 \\ \times \quad 22 \\ \hline \end{array}$

(11) $\begin{array}{r} 600 \\ \times \quad 34 \\ \hline \end{array}$

(12) $\begin{array}{r} 700 \\ \times \quad 35 \\ \hline \end{array}$

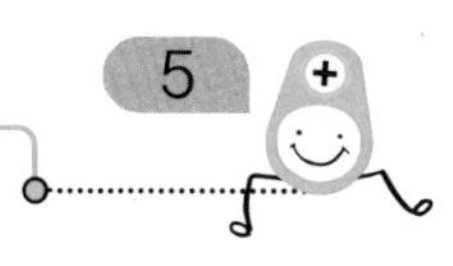

● 곱셈을 하시오.

(1)
$$\begin{array}{r} 300 \\ \times \quad 92 \\ \hline \end{array}$$

(2)
$$\begin{array}{r} 400 \\ \times \quad 37 \\ \hline \end{array}$$

(3)
$$\begin{array}{r} 500 \\ \times \quad 46 \\ \hline \end{array}$$

(4)
$$\begin{array}{r} 600 \\ \times \quad 19 \\ \hline \end{array}$$

(5)
$$\begin{array}{r} 700 \\ \times \quad 28 \\ \hline \end{array}$$

(6)
$$\begin{array}{r} 800 \\ \times \quad 25 \\ \hline \end{array}$$

(7)
$$\begin{array}{r} 400 \\ \times \quad 53 \\ \hline \end{array}$$

(8)
$$\begin{array}{r} 500 \\ \times \quad 74 \\ \hline \end{array}$$

(9)
$$\begin{array}{r} 600 \\ \times \quad 82 \\ \hline \end{array}$$

(10)
$$\begin{array}{r} 700 \\ \times \quad 46 \\ \hline \end{array}$$

(11)
$$\begin{array}{r} 800 \\ \times \quad 17 \\ \hline \end{array}$$

(12)
$$\begin{array}{r} 900 \\ \times \quad 48 \\ \hline \end{array}$$

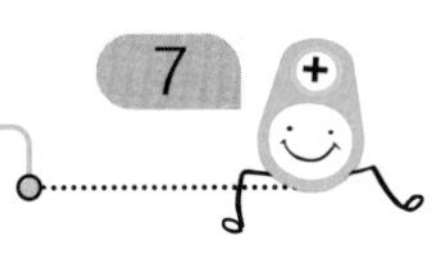

● 곱셈을 하시오.

(1) $\begin{array}{r} 500 \\ \times \quad 96 \\ \hline \end{array}$

(2) $\begin{array}{r} 300 \\ \times \quad 84 \\ \hline \end{array}$

(3) $\begin{array}{r} 600 \\ \times \quad 78 \\ \hline \end{array}$

(4) $\begin{array}{r} 700 \\ \times \quad 53 \\ \hline \end{array}$

(5) $\begin{array}{r} 900 \\ \times \quad 72 \\ \hline \end{array}$

(6) $\begin{array}{r} 800 \\ \times \quad 65 \\ \hline \end{array}$

(7)

$$\begin{array}{r} 400 \\ \times \quad 93 \\ \hline \end{array}$$

(8)

$$\begin{array}{r} 700 \\ \times \quad 82 \\ \hline \end{array}$$

(9)

$$\begin{array}{r} 600 \\ \times \quad 36 \\ \hline \end{array}$$

(10)

$$\begin{array}{r} 500 \\ \times \quad 64 \\ \hline \end{array}$$

(11)

$$\begin{array}{r} 800 \\ \times \quad 49 \\ \hline \end{array}$$

(12)

$$\begin{array}{r} 900 \\ \times \quad 99 \\ \hline \end{array}$$

● 곱셈을 하시오.

(1)
$$\begin{array}{r} 260 \\ \times \quad 90 \\ \hline \end{array}$$

(2)
$$\begin{array}{r} 340 \\ \times \quad 30 \\ \hline \end{array}$$

(3)
$$\begin{array}{r} 490 \\ \times \quad 20 \\ \hline \end{array}$$

(4)
$$\begin{array}{r} 580 \\ \times \quad 90 \\ \hline \end{array}$$

(5)
$$\begin{array}{r} 630 \\ \times \quad 40 \\ \hline \end{array}$$

(6)
$$\begin{array}{r} 740 \\ \times \quad 70 \\ \hline \end{array}$$

(7)
$$\begin{array}{r} 3\,6\,0 \\ \times \quad 4\,0 \\ \hline \end{array}$$

(8)
$$\begin{array}{r} 4\,7\,0 \\ \times \quad 3\,0 \\ \hline \end{array}$$

(9)
$$\begin{array}{r} 5\,3\,0 \\ \times \quad 7\,0 \\ \hline \end{array}$$

(10)
$$\begin{array}{r} 6\,6\,0 \\ \times \quad 5\,0 \\ \hline \end{array}$$

(11)
$$\begin{array}{r} 7\,3\,0 \\ \times \quad 8\,0 \\ \hline \end{array}$$

(12)
$$\begin{array}{r} 8\,2\,0 \\ \times \quad 5\,0 \\ \hline \end{array}$$

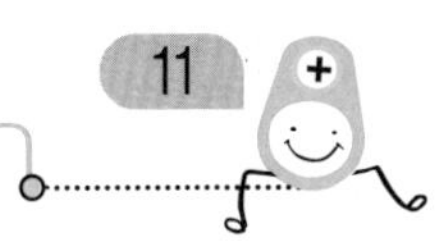

● 곱셈을 하시오.

(1) $\begin{array}{r} 480 \\ \times \quad 40 \\ \hline \end{array}$

(4) $\begin{array}{r} 740 \\ \times \quad 90 \\ \hline \end{array}$

(2) $\begin{array}{r} 520 \\ \times \quad 90 \\ \hline \end{array}$

(5) $\begin{array}{r} 830 \\ \times \quad 70 \\ \hline \end{array}$

(3) $\begin{array}{r} 620 \\ \times \quad 50 \\ \hline \end{array}$

(6) $\begin{array}{r} 960 \\ \times \quad 30 \\ \hline \end{array}$

(7)
$$\begin{array}{r} 360 \\ \times \quad 50 \\ \hline \end{array}$$

(8)
$$\begin{array}{r} 620 \\ \times \quad 80 \\ \hline \end{array}$$

(9)
$$\begin{array}{r} 920 \\ \times \quad 60 \\ \hline \end{array}$$

(10)
$$\begin{array}{r} 250 \\ \times \quad 80 \\ \hline \end{array}$$

(11)
$$\begin{array}{r} 470 \\ \times \quad 20 \\ \hline \end{array}$$

(12)
$$\begin{array}{r} 860 \\ \times \quad 40 \\ \hline \end{array}$$

● 곱셈을 하시오.

(1)
$$\begin{array}{r} 190 \\ \times \quad 80 \\ \hline \end{array}$$

(2)
$$\begin{array}{r} 390 \\ \times \quad 60 \\ \hline \end{array}$$

(3)
$$\begin{array}{r} 620 \\ \times \quad 50 \\ \hline \end{array}$$

(4)
$$\begin{array}{r} 240 \\ \times \quad 70 \\ \hline \end{array}$$

(5)
$$\begin{array}{r} 580 \\ \times \quad 30 \\ \hline \end{array}$$

(6)
$$\begin{array}{r} 730 \\ \times \quad 80 \\ \hline \end{array}$$

(7)
$$\begin{array}{r} 340 \\ \times \quad 80 \\ \hline \end{array}$$

(8)
$$\begin{array}{r} 560 \\ \times \quad 40 \\ \hline \end{array}$$

(9)
$$\begin{array}{r} 870 \\ \times \quad 20 \\ \hline \end{array}$$

(10)
$$\begin{array}{r} 430 \\ \times \quad 60 \\ \hline \end{array}$$

(11)
$$\begin{array}{r} 720 \\ \times \quad 90 \\ \hline \end{array}$$

(12)
$$\begin{array}{r} 980 \\ \times \quad 50 \\ \hline \end{array}$$

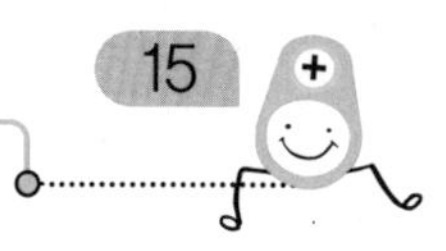

● 곱셈을 하시오.

(1)
$$\begin{array}{r} 380 \\ \times \quad 70 \\ \hline \end{array}$$

(4)
$$\begin{array}{r} 450 \\ \times \quad 50 \\ \hline \end{array}$$

(2)
$$\begin{array}{r} 540 \\ \times \quad 80 \\ \hline \end{array}$$

(5)
$$\begin{array}{r} 650 \\ \times \quad 30 \\ \hline \end{array}$$

(3)
$$\begin{array}{r} 790 \\ \times \quad 40 \\ \hline \end{array}$$

(6)
$$\begin{array}{r} 820 \\ \times \quad 60 \\ \hline \end{array}$$

(7)
$$\begin{array}{r} 430 \\ \times \quad 80 \\ \hline \end{array}$$

(8)
$$\begin{array}{r} 840 \\ \times \quad 30 \\ \hline \end{array}$$

(9)
$$\begin{array}{r} 770 \\ \times \quad 60 \\ \hline \end{array}$$

(10)
$$\begin{array}{r} 690 \\ \times \quad 20 \\ \hline \end{array}$$

(11)
$$\begin{array}{r} 560 \\ \times \quad 50 \\ \hline \end{array}$$

(12)
$$\begin{array}{r} 950 \\ \times \quad 40 \\ \hline \end{array}$$

● 곱셈을 하시오.

(1)
$$\begin{array}{r} 245 \\ \times \quad 20 \\ \hline \end{array}$$

(2)
$$\begin{array}{r} 382 \\ \times \quad 40 \\ \hline \end{array}$$

(3)
$$\begin{array}{r} 438 \\ \times \quad 50 \\ \hline \end{array}$$

(4)
$$\begin{array}{r} 563 \\ \times \quad 30 \\ \hline \end{array}$$

(5)
$$\begin{array}{r} 629 \\ \times \quad 70 \\ \hline \end{array}$$

(6)
$$\begin{array}{r} 751 \\ \times \quad 90 \\ \hline \end{array}$$

(7)
$$\begin{array}{r} 326 \\ \times \quad 60 \\ \hline \end{array}$$

(8)
$$\begin{array}{r} 293 \\ \times \quad 70 \\ \hline \end{array}$$

(9)
$$\begin{array}{r} 654 \\ \times \quad 20 \\ \hline \end{array}$$

(10)
$$\begin{array}{r} 415 \\ \times \quad 80 \\ \hline \end{array}$$

(11)
$$\begin{array}{r} 764 \\ \times \quad 40 \\ \hline \end{array}$$

(12)
$$\begin{array}{r} 547 \\ \times \quad 60 \\ \hline \end{array}$$

● 곱셈을 하시오.

(1)
$$\begin{array}{r} 364 \\ \times \quad 70 \\ \hline \end{array}$$

(4)
$$\begin{array}{r} 627 \\ \times \quad 50 \\ \hline \end{array}$$

(2)
$$\begin{array}{r} 419 \\ \times \quad 40 \\ \hline \end{array}$$

(5)
$$\begin{array}{r} 758 \\ \times \quad 30 \\ \hline \end{array}$$

(3)
$$\begin{array}{r} 546 \\ \times \quad 90 \\ \hline \end{array}$$

(6)
$$\begin{array}{r} 875 \\ \times \quad 20 \\ \hline \end{array}$$

(7)
$$\begin{array}{r} 625 \\ \times \quad 40 \\ \hline \end{array}$$

(8)
$$\begin{array}{r} 392 \\ \times \quad 50 \\ \hline \end{array}$$

(9)
$$\begin{array}{r} 419 \\ \times \quad 70 \\ \hline \end{array}$$

(10)
$$\begin{array}{r} 573 \\ \times \quad 60 \\ \hline \end{array}$$

(11)
$$\begin{array}{r} 746 \\ \times \quad 40 \\ \hline \end{array}$$

(12)
$$\begin{array}{r} 848 \\ \times \quad 50 \\ \hline \end{array}$$

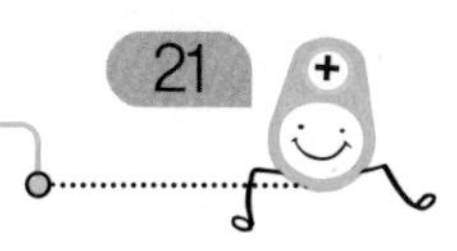

● 곱셈을 하시오.

(1)
$$\begin{array}{r} 468 \\ \times \quad 20 \\ \hline \end{array}$$

(2)
$$\begin{array}{r} 519 \\ \times \quad 40 \\ \hline \end{array}$$

(3)
$$\begin{array}{r} 635 \\ \times \quad 60 \\ \hline \end{array}$$

(4)
$$\begin{array}{r} 745 \\ \times \quad 80 \\ \hline \end{array}$$

(5)
$$\begin{array}{r} 857 \\ \times \quad 30 \\ \hline \end{array}$$

(6)
$$\begin{array}{r} 974 \\ \times \quad 50 \\ \hline \end{array}$$

(7)
$$\begin{array}{r} 475 \\ \times \quad 60 \\ \hline \end{array}$$

(8)
$$\begin{array}{r} 746 \\ \times \quad 20 \\ \hline \end{array}$$

(9)
$$\begin{array}{r} 612 \\ \times \quad 80 \\ \hline \end{array}$$

(10)
$$\begin{array}{r} 528 \\ \times \quad 50 \\ \hline \end{array}$$

(11)
$$\begin{array}{r} 934 \\ \times \quad 30 \\ \hline \end{array}$$

(12)
$$\begin{array}{r} 851 \\ \times \quad 70 \\ \hline \end{array}$$

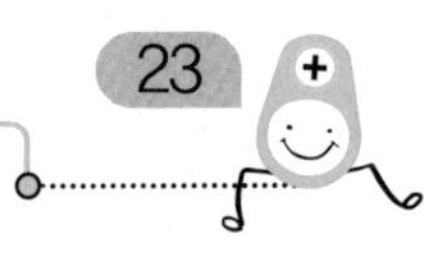

● 곱셈을 하시오.

(1)
$$\begin{array}{r} 178 \\ \times \quad 60 \\ \hline \end{array}$$

(4)
$$\begin{array}{r} 263 \\ \times \quad 90 \\ \hline \end{array}$$

(2)
$$\begin{array}{r} 325 \\ \times \quad 80 \\ \hline \end{array}$$

(5)
$$\begin{array}{r} 439 \\ \times \quad 20 \\ \hline \end{array}$$

(3)
$$\begin{array}{r} 584 \\ \times \quad 30 \\ \hline \end{array}$$

(6)
$$\begin{array}{r} 616 \\ \times \quad 40 \\ \hline \end{array}$$

(7)
$$\begin{array}{r} 726 \\ \times \quad 50 \\ \hline \end{array}$$

(8)
$$\begin{array}{r} 835 \\ \times \quad 80 \\ \hline \end{array}$$

(9)
$$\begin{array}{r} 964 \\ \times \quad 30 \\ \hline \end{array}$$

(10)
$$\begin{array}{r} 853 \\ \times \quad 40 \\ \hline \end{array}$$

(11)
$$\begin{array}{r} 914 \\ \times \quad 90 \\ \hline \end{array}$$

(12)
$$\begin{array}{r} 745 \\ \times \quad 80 \\ \hline \end{array}$$

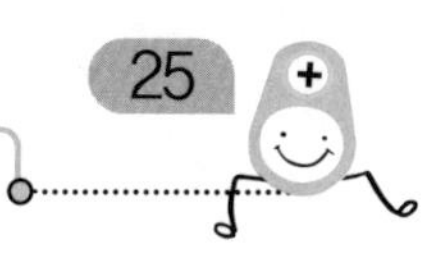

● 곱셈을 하시오.

(1)
$$\begin{array}{r} 123 \\ \times \quad 21 \\ \hline \end{array}$$

(4)
$$\begin{array}{r} 222 \\ \times \quad 24 \\ \hline \end{array}$$

(2)
$$\begin{array}{r} 112 \\ \times \quad 31 \\ \hline \end{array}$$

(5)
$$\begin{array}{r} 314 \\ \times \quad 12 \\ \hline \end{array}$$

(3)
$$\begin{array}{r} 212 \\ \times \quad 13 \\ \hline \end{array}$$

(6)
$$\begin{array}{r} 323 \\ \times \quad 21 \\ \hline \end{array}$$

(7)
$$\begin{array}{r} 222 \\ \times \quad 14 \\ \hline \end{array}$$

(8)
$$\begin{array}{r} 223 \\ \times \quad 31 \\ \hline \end{array}$$

(9)
$$\begin{array}{r} 312 \\ \times \quad 21 \\ \hline \end{array}$$

(10)
$$\begin{array}{r} 323 \\ \times \quad 32 \\ \hline \end{array}$$

(11)
$$\begin{array}{r} 411 \\ \times \quad 13 \\ \hline \end{array}$$

(12)
$$\begin{array}{r} 422 \\ \times \quad 22 \\ \hline \end{array}$$

● 곱셈을 하시오.

(1)
$$\begin{array}{r} 241 \\ \times \quad 21 \\ \hline \end{array}$$

(2)
$$\begin{array}{r} 213 \\ \times \quad 32 \\ \hline \end{array}$$

(3)
$$\begin{array}{r} 323 \\ \times \quad 12 \\ \hline \end{array}$$

(4)
$$\begin{array}{r} 321 \\ \times \quad 31 \\ \hline \end{array}$$

(5)
$$\begin{array}{r} 411 \\ \times \quad 22 \\ \hline \end{array}$$

(6)
$$\begin{array}{r} 422 \\ \times \quad 31 \\ \hline \end{array}$$

(7)
$$\begin{array}{r} 331 \\ \times \quad 22 \\ \hline \end{array}$$

(8)
$$\begin{array}{r} 312 \\ \times \quad 41 \\ \hline \end{array}$$

(9)
$$\begin{array}{r} 412 \\ \times \quad 13 \\ \hline \end{array}$$

(10)
$$\begin{array}{r} 423 \\ \times \quad 31 \\ \hline \end{array}$$

(11)
$$\begin{array}{r} 511 \\ \times \quad 12 \\ \hline \end{array}$$

(12)
$$\begin{array}{r} 512 \\ \times \quad 21 \\ \hline \end{array}$$

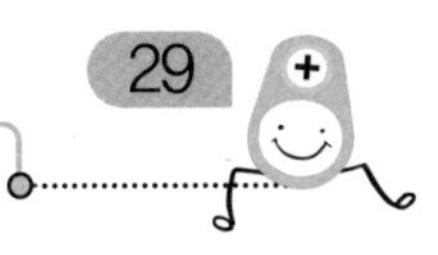

● 곱셈을 하시오.

(1)
$$\begin{array}{r} 332 \\ \times \quad 23 \\ \hline \end{array}$$

(2)
$$\begin{array}{r} 311 \\ \times \quad 32 \\ \hline \end{array}$$

(3)
$$\begin{array}{r} 413 \\ \times \quad 21 \\ \hline \end{array}$$

(4)
$$\begin{array}{r} 422 \\ \times \quad 41 \\ \hline \end{array}$$

(5)
$$\begin{array}{r} 521 \\ \times \quad 12 \\ \hline \end{array}$$

(6)
$$\begin{array}{r} 532 \\ \times \quad 31 \\ \hline \end{array}$$

(7)
$$\begin{array}{r} 423 \\ \times \quad 13 \\ \hline \end{array}$$

(8)
$$\begin{array}{r} 414 \\ \times \quad 42 \\ \hline \end{array}$$

(9)
$$\begin{array}{r} 511 \\ \times \quad 22 \\ \hline \end{array}$$

(10)
$$\begin{array}{r} 522 \\ \times \quad 31 \\ \hline \end{array}$$

(11)
$$\begin{array}{r} 613 \\ \times \quad 12 \\ \hline \end{array}$$

(12)
$$\begin{array}{r} 621 \\ \times \quad 21 \\ \hline \end{array}$$

● 곱셈을 하시오.

(1) $\begin{array}{r} 412 \\ \times \quad 14 \\ \hline \end{array}$

(2) $\begin{array}{r} 421 \\ \times \quad 52 \\ \hline \end{array}$

(3) $\begin{array}{r} 523 \\ \times \quad 21 \\ \hline \end{array}$

(4) $\begin{array}{r} 511 \\ \times \quad 42 \\ \hline \end{array}$

(5) $\begin{array}{r} 613 \\ \times \quad 21 \\ \hline \end{array}$

(6) $\begin{array}{r} 622 \\ \times \quad 31 \\ \hline \end{array}$

(7)
$$\begin{array}{r} 532 \\ \times \quad 12 \\ \hline \end{array}$$

(8)
$$\begin{array}{r} 522 \\ \times \quad 41 \\ \hline \end{array}$$

(9)
$$\begin{array}{r} 621 \\ \times \quad 13 \\ \hline \end{array}$$

(10)
$$\begin{array}{r} 612 \\ \times \quad 41 \\ \hline \end{array}$$

(11)
$$\begin{array}{r} 712 \\ \times \quad 13 \\ \hline \end{array}$$

(12)
$$\begin{array}{r} 722 \\ \times \quad 21 \\ \hline \end{array}$$

● 곱셈을 하시오.

(1)
$$\begin{array}{r} 513 \\ \times \quad 23 \\ \hline \end{array}$$

(4)
$$\begin{array}{r} 623 \\ \times \quad 21 \\ \hline \end{array}$$

(2)
$$\begin{array}{r} 542 \\ \times \quad 51 \\ \hline \end{array}$$

(5)
$$\begin{array}{r} 714 \\ \times \quad 21 \\ \hline \end{array}$$

(3)
$$\begin{array}{r} 611 \\ \times \quad 52 \\ \hline \end{array}$$

(6)
$$\begin{array}{r} 721 \\ \times \quad 14 \\ \hline \end{array}$$

(7)
$$\begin{array}{r} 641 \\ \times \quad 12 \\ \hline \end{array}$$

(8)
$$\begin{array}{r} 631 \\ \times \quad 33 \\ \hline \end{array}$$

(9)
$$\begin{array}{r} 713 \\ \times \quad 32 \\ \hline \end{array}$$

(10)
$$\begin{array}{r} 722 \\ \times \quad 12 \\ \hline \end{array}$$

(11)
$$\begin{array}{r} 812 \\ \times \quad 21 \\ \hline \end{array}$$

(12)
$$\begin{array}{r} 831 \\ \times \quad 12 \\ \hline \end{array}$$

● 곱셈을 하시오.

(1)
$$\begin{array}{r} 614 \\ \times\ \ 21 \\ \hline \end{array}$$

(2)
$$\begin{array}{r} 633 \\ \times\ \ 22 \\ \hline \end{array}$$

(3)
$$\begin{array}{r} 711 \\ \times\ \ 33 \\ \hline \end{array}$$

(4)
$$\begin{array}{r} 723 \\ \times\ \ 12 \\ \hline \end{array}$$

(5)
$$\begin{array}{r} 813 \\ \times\ \ 22 \\ \hline \end{array}$$

(6)
$$\begin{array}{r} 823 \\ \times\ \ 31 \\ \hline \end{array}$$

(7)
$$\begin{array}{r} 732 \\ \times \quad 21 \\ \hline \end{array}$$

(8)
$$\begin{array}{r} 743 \\ \times \quad 11 \\ \hline \end{array}$$

(9)
$$\begin{array}{r} 822 \\ \times \quad 14 \\ \hline \end{array}$$

(10)
$$\begin{array}{r} 832 \\ \times \quad 13 \\ \hline \end{array}$$

(11)
$$\begin{array}{r} 912 \\ \times \quad 13 \\ \hline \end{array}$$

(12)
$$\begin{array}{r} 923 \\ \times \quad 32 \\ \hline \end{array}$$

● 곱셈을 하시오.

(1) $$\begin{array}{r} 142 \\ \times \quad 15 \\ \hline \end{array}$$

(2) $$\begin{array}{r} 234 \\ \times \quad 23 \\ \hline \end{array}$$

(3) $$\begin{array}{r} 321 \\ \times \quad 82 \\ \hline \end{array}$$

(4) $$\begin{array}{r} 412 \\ \times \quad 36 \\ \hline \end{array}$$

(5) $$\begin{array}{r} 507 \\ \times \quad 62 \\ \hline \end{array}$$

(6) $$\begin{array}{r} 632 \\ \times \quad 13 \\ \hline \end{array}$$

(7)
$$\begin{array}{r} 712 \\ \times \quad 23 \\ \hline \end{array}$$

(8)
$$\begin{array}{r} 804 \\ \times \quad 32 \\ \hline \end{array}$$

(9)
$$\begin{array}{r} 932 \\ \times \quad 14 \\ \hline \end{array}$$

(10)
$$\begin{array}{r} 215 \\ \times \quad 42 \\ \hline \end{array}$$

(11)
$$\begin{array}{r} 422 \\ \times \quad 25 \\ \hline \end{array}$$

(12)
$$\begin{array}{r} 516 \\ \times \quad 12 \\ \hline \end{array}$$

● 곱셈을 하시오.

(1) $\begin{array}{r} 242 \\ \times \quad 33 \\ \hline \end{array}$

(2) $\begin{array}{r} 623 \\ \times \quad 43 \\ \hline \end{array}$

(3) $\begin{array}{r} 834 \\ \times \quad 22 \\ \hline \end{array}$

(4) $\begin{array}{r} 702 \\ \times \quad 26 \\ \hline \end{array}$

(5) $\begin{array}{r} 313 \\ \times \quad 52 \\ \hline \end{array}$

(6) $\begin{array}{r} 912 \\ \times \quad 15 \\ \hline \end{array}$

(7)
$$\begin{array}{r} 491 \\ \times \quad 21 \\ \hline \end{array}$$

(8)
$$\begin{array}{r} 824 \\ \times \quad 13 \\ \hline \end{array}$$

(9)
$$\begin{array}{r} 505 \\ \times \quad 42 \\ \hline \end{array}$$

(10)
$$\begin{array}{r} 722 \\ \times \quad 43 \\ \hline \end{array}$$

(11)
$$\begin{array}{r} 912 \\ \times \quad 24 \\ \hline \end{array}$$

(12)
$$\begin{array}{r} 622 \\ \times \quad 51 \\ \hline \end{array}$$

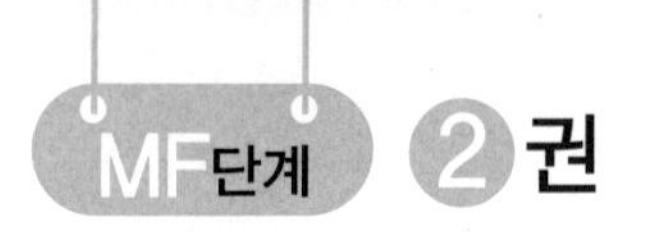

(세 자리 수)×(두 자리 수) (2)

요일	교재 번호	학습한 날짜	확인
1일차(월)	01~08	월 일	
2일차(화)	09~16	월 일	
3일차(수)	17~24	월 일	
4일차(목)	25~32	월 일	
5일차(금)	33~40	월 일	

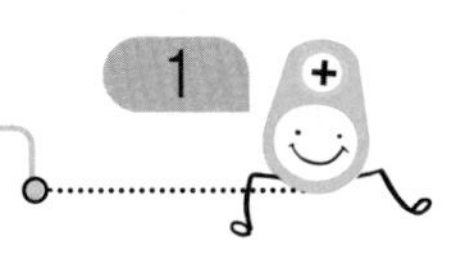

● 곱셈을 하시오.

(1) $\begin{array}{r} 14 \\ \times\ 14 \\ \hline \end{array}$

(2) $\begin{array}{r} 22 \\ \times\ 60 \\ \hline \end{array}$

(3) $\begin{array}{r} 46 \\ \times\ 33 \\ \hline \end{array}$

(4) $\begin{array}{r} 37 \\ \times\ 23 \\ \hline \end{array}$

(5) $\begin{array}{r} 58 \\ \times\ 43 \\ \hline \end{array}$

(6) $\begin{array}{r} 72 \\ \times\ 59 \\ \hline \end{array}$

(7)
$$\begin{array}{r} 34 \\ \times\ 22 \\ \hline \end{array}$$

(8)
$$\begin{array}{r} 50 \\ \times\ 45 \\ \hline \end{array}$$

(9)
$$\begin{array}{r} 66 \\ \times\ 57 \\ \hline \end{array}$$

(10)
$$\begin{array}{r} 78 \\ \times\ 23 \\ \hline \end{array}$$

(11)
$$\begin{array}{r} 87 \\ \times\ 68 \\ \hline \end{array}$$

(12)
$$\begin{array}{r} 95 \\ \times\ 32 \\ \hline \end{array}$$

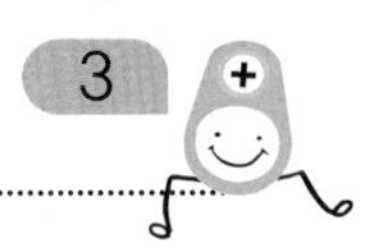

● |보기|와 같이 곱셈을 하시오.

|보기|

$$\begin{array}{r} 132 \\ \times \quad 12 \\ \hline 264 \\ 132 \\ \hline 1584 \end{array}$$

(1)
$$\begin{array}{r} 132 \\ \times \quad 22 \\ \hline \end{array}$$

(2)
$$\begin{array}{r} 132 \\ \times \quad 23 \\ \hline \end{array}$$

(3)
$$\begin{array}{r} 212 \\ \times \quad 14 \\ \hline \end{array}$$

(4)
$$\begin{array}{r} 212 \\ \times \quad 33 \\ \hline \end{array}$$

(5)
$$\begin{array}{r} 221 \\ \times \quad 43 \\ \hline \end{array}$$

(6)
$$\begin{array}{r} 144 \\ \times \quad 21 \\ \hline \end{array}$$

(7)
$$\begin{array}{r} 123 \\ \times \quad 23 \\ \hline \end{array}$$

(8)
$$\begin{array}{r} 211 \\ \times \quad 32 \\ \hline \end{array}$$

(9)
$$\begin{array}{r} 203 \\ \times \quad 33 \\ \hline \end{array}$$

★ (10)
$$\begin{array}{r} 120 \\ \times \quad 34 \\ \hline \end{array}$$

(11)
$$\begin{array}{r} 130 \\ \times \quad 52 \\ \hline \end{array}$$

● 곱셈을 하시오.

(1)
$$\begin{array}{r} 312 \\ \times \quad 12 \\ \hline 624 \\ 312 \\ \hline \end{array}$$

(4)
$$\begin{array}{r} 330 \\ \times \quad 13 \\ \hline \end{array}$$

(2)
$$\begin{array}{r} 322 \\ \times \quad 31 \\ \hline \end{array}$$

★(5)
$$\begin{array}{r} 400 \\ \times \quad 20 \\ \hline \end{array}$$

(3)
$$\begin{array}{r} 423 \\ \times \quad 22 \\ \hline \end{array}$$

(6)
$$\begin{array}{r} 403 \\ \times \quad 21 \\ \hline \end{array}$$

(7)
$$\begin{array}{r} 344 \\ \times \quad 22 \\ \hline \end{array}$$

(8)
$$\begin{array}{r} 350 \\ \times \quad 27 \\ \hline \end{array}$$

(9)
$$\begin{array}{r} 321 \\ \times \quad 23 \\ \hline \end{array}$$

(10)
$$\begin{array}{r} 332 \\ \times \quad 32 \\ \hline \end{array}$$

★ (11)
$$\begin{array}{r} 413 \\ \times \quad 20 \\ \hline \end{array}$$

(12)
$$\begin{array}{r} 400 \\ \times \quad 40 \\ \hline \end{array}$$

● 곱셈을 하시오.

(1)
$$\begin{array}{r} 131 \\ \times \quad 23 \\ \hline \end{array}$$

(2)
$$\begin{array}{r} 142 \\ \times \quad 22 \\ \hline \end{array}$$

(3)
$$\begin{array}{r} 231 \\ \times \quad 33 \\ \hline \end{array}$$

(4)
$$\begin{array}{r} 240 \\ \times \quad 51 \\ \hline \end{array}$$

(5)
$$\begin{array}{r} 323 \\ \times \quad 13 \\ \hline \end{array}$$

(6)
$$\begin{array}{r} 400 \\ \times \quad 50 \\ \hline \end{array}$$

(7)
$$\begin{array}{r} 172 \\ \times \quad 30 \\ \hline \end{array}$$

(8)
$$\begin{array}{r} 233 \\ \times \quad 23 \\ \hline \end{array}$$

(9)
$$\begin{array}{r} 303 \\ \times \quad 23 \\ \hline \end{array}$$

(10)
$$\begin{array}{r} 360 \\ \times \quad 20 \\ \hline \end{array}$$

(11)
$$\begin{array}{r} 412 \\ \times \quad 21 \\ \hline \end{array}$$

(12)
$$\begin{array}{r} 444 \\ \times \quad 21 \\ \hline \end{array}$$

● 곱셈을 하시오.

(1)
$$\begin{array}{r} 144 \\ \times \quad 12 \\ \hline \end{array}$$

(2)
$$\begin{array}{r} 123 \\ \times \quad 13 \\ \hline \end{array}$$

(3)
$$\begin{array}{r} 250 \\ \times \quad 53 \\ \hline \end{array}$$

(4)
$$\begin{array}{r} 203 \\ \times \quad 32 \\ \hline \end{array}$$

(5)
$$\begin{array}{r} 300 \\ \times \quad 40 \\ \hline \end{array}$$

(6)
$$\begin{array}{r} 432 \\ \times \quad 22 \\ \hline \end{array}$$

(7)
$$\begin{array}{r} 213 \\ \times \quad 32 \\ \hline \end{array}$$

(8)
$$\begin{array}{r} 302 \\ \times \quad 23 \\ \hline \end{array}$$

(9)
$$\begin{array}{r} 342 \\ \times \quad 20 \\ \hline \end{array}$$

(10)
$$\begin{array}{r} 190 \\ \times \quad 30 \\ \hline \end{array}$$

(11)
$$\begin{array}{r} 313 \\ \times \quad 22 \\ \hline \end{array}$$

(12)
$$\begin{array}{r} 421 \\ \times \quad 21 \\ \hline \end{array}$$

● 곱셈을 하시오.

(1)
$$\begin{array}{r} 134 \\ \times\quad 26 \\ \hline \end{array}$$

(2)
$$\begin{array}{r} 162 \\ \times\quad 42 \\ \hline \end{array}$$

(3)
$$\begin{array}{r} 264 \\ \times\quad 31 \\ \hline \end{array}$$

(4)
$$\begin{array}{r} 225 \\ \times\quad 34 \\ \hline \end{array}$$

(5)
$$\begin{array}{r} 309 \\ \times\quad 18 \\ \hline \end{array}$$

(6)
$$\begin{array}{r} 327 \\ \times\quad 22 \\ \hline \end{array}$$

(7)
$$\begin{array}{r} 128 \\ \times \quad 34 \\ \hline \end{array}$$

(8)
$$\begin{array}{r} 188 \\ \times \quad 52 \\ \hline \end{array}$$

(9)
$$\begin{array}{r} 234 \\ \times \quad 25 \\ \hline \end{array}$$

(10)
$$\begin{array}{r} 245 \\ \times \quad 42 \\ \hline \end{array}$$

(11)
$$\begin{array}{r} 326 \\ \times \quad 31 \\ \hline \end{array}$$

(12)
$$\begin{array}{r} 315 \\ \times \quad 43 \\ \hline \end{array}$$

● 곱셈을 하시오.

(1)
$$\begin{array}{r} 253 \\ \times \quad 15 \\ \hline \end{array}$$

(2)
$$\begin{array}{r} 272 \\ \times \quad 24 \\ \hline \end{array}$$

(3)
$$\begin{array}{r} 341 \\ \times \quad 53 \\ \hline \end{array}$$

(4)
$$\begin{array}{r} 325 \\ \times \quad 43 \\ \hline \end{array}$$

(5)
$$\begin{array}{r} 405 \\ \times \quad 46 \\ \hline \end{array}$$

(6)
$$\begin{array}{r} 417 \\ \times \quad 32 \\ \hline \end{array}$$

(7)
$$\begin{array}{r} 283 \\ \times \quad 32 \\ \hline \end{array}$$

(10)
$$\begin{array}{r} 392 \\ \times \quad 52 \\ \hline \end{array}$$

(8)
$$\begin{array}{r} 348 \\ \times \quad 25 \\ \hline \end{array}$$

(11)
$$\begin{array}{r} 445 \\ \times \quad 23 \\ \hline \end{array}$$

(9)
$$\begin{array}{r} 291 \\ \times \quad 44 \\ \hline \end{array}$$

(12)
$$\begin{array}{r} 436 \\ \times \quad 15 \\ \hline \end{array}$$

● 곱셈을 하시오.

(1)
$$\begin{array}{r} 123 \\ \times \quad 15 \\ \hline \end{array}$$

(2)
$$\begin{array}{r} 185 \\ \times \quad 42 \\ \hline \end{array}$$

(3)
$$\begin{array}{r} 255 \\ \times \quad 31 \\ \hline \end{array}$$

(4)
$$\begin{array}{r} 243 \\ \times \quad 26 \\ \hline \end{array}$$

(5)
$$\begin{array}{r} 347 \\ \times \quad 23 \\ \hline \end{array}$$

(6)
$$\begin{array}{r} 402 \\ \times \quad 52 \\ \hline \end{array}$$

(7)
$$\begin{array}{r} 115 \\ \times \quad 36 \\ \hline \end{array}$$

(8)
$$\begin{array}{r} 384 \\ \times \quad 13 \\ \hline \end{array}$$

(9)
$$\begin{array}{r} 284 \\ \times \quad 50 \\ \hline \end{array}$$

(10)
$$\begin{array}{r} 432 \\ \times \quad 25 \\ \hline \end{array}$$

(11)
$$\begin{array}{r} 352 \\ \times \quad 42 \\ \hline \end{array}$$

(12)
$$\begin{array}{r} 466 \\ \times \quad 41 \\ \hline \end{array}$$

● 곱셈을 하시오.

(1)
$$\begin{array}{r} 162 \\ \times \quad 34 \\ \hline \end{array}$$

(4)
$$\begin{array}{r} 207 \\ \times \quad 53 \\ \hline \end{array}$$

(2)
$$\begin{array}{r} 153 \\ \times \quad 17 \\ \hline \end{array}$$

(5)
$$\begin{array}{r} 373 \\ \times \quad 42 \\ \hline \end{array}$$

(3)
$$\begin{array}{r} 216 \\ \times \quad 35 \\ \hline \end{array}$$

(6)
$$\begin{array}{r} 482 \\ \times \quad 24 \\ \hline \end{array}$$

(7)
$$\begin{array}{r} 164 \\ \times \quad 23 \\ \hline \end{array}$$

(8)
$$\begin{array}{r} 315 \\ \times \quad 33 \\ \hline \end{array}$$

(9)
$$\begin{array}{r} 344 \\ \times \quad 14 \\ \hline \end{array}$$

(10)
$$\begin{array}{r} 253 \\ \times \quad 42 \\ \hline \end{array}$$

(11)
$$\begin{array}{r} 442 \\ \times \quad 35 \\ \hline \end{array}$$

(12)
$$\begin{array}{r} 407 \\ \times \quad 53 \\ \hline \end{array}$$

● 곱셈을 하시오.

(1)
$$\begin{array}{r} 523 \\ \times \quad 15 \\ \hline \end{array}$$

(2)
$$\begin{array}{r} 547 \\ \times \quad 43 \\ \hline \end{array}$$

(3)
$$\begin{array}{r} 613 \\ \times \quad 38 \\ \hline \end{array}$$

(4)
$$\begin{array}{r} 632 \\ \times \quad 24 \\ \hline \end{array}$$

(5)
$$\begin{array}{r} 721 \\ \times \quad 55 \\ \hline \end{array}$$

(6)
$$\begin{array}{r} 725 \\ \times \quad 62 \\ \hline \end{array}$$

(7)
$$\begin{array}{r} 522 \\ \times \quad 52 \\ \hline \end{array}$$

(8)
$$\begin{array}{r} 555 \\ \times \quad 24 \\ \hline \end{array}$$

(9)
$$\begin{array}{r} 625 \\ \times \quad 13 \\ \hline \end{array}$$

(10)
$$\begin{array}{r} 615 \\ \times \quad 49 \\ \hline \end{array}$$

(11)
$$\begin{array}{r} 739 \\ \times \quad 60 \\ \hline \end{array}$$

(12)
$$\begin{array}{r} 718 \\ \times \quad 35 \\ \hline \end{array}$$

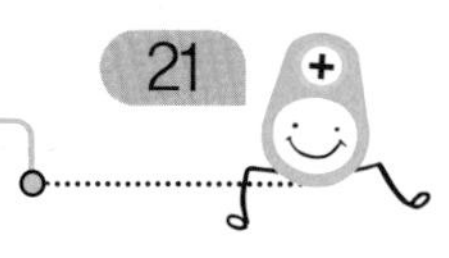

● 곱셈을 하시오.

(1)
$$\begin{array}{r} 663 \\ \times \quad 32 \\ \hline \end{array}$$

(2)
$$\begin{array}{r} 652 \\ \times \quad 25 \\ \hline \end{array}$$

(3)
$$\begin{array}{r} 705 \\ \times \quad 49 \\ \hline \end{array}$$

(4)
$$\begin{array}{r} 726 \\ \times \quad 32 \\ \hline \end{array}$$

(5)
$$\begin{array}{r} 823 \\ \times \quad 54 \\ \hline \end{array}$$

(6)
$$\begin{array}{r} 812 \\ \times \quad 67 \\ \hline \end{array}$$

(7)
$$\begin{array}{r} 651 \\ \times \quad 34 \\ \hline \end{array}$$

(8)
$$\begin{array}{r} 694 \\ \times \quad 49 \\ \hline \end{array}$$

(9)
$$\begin{array}{r} 782 \\ \times \quad 27 \\ \hline \end{array}$$

(10)
$$\begin{array}{r} 834 \\ \times \quad 52 \\ \hline \end{array}$$

(11)
$$\begin{array}{r} 836 \\ \times \quad 75 \\ \hline \end{array}$$

(12)
$$\begin{array}{r} 945 \\ \times \quad 63 \\ \hline \end{array}$$

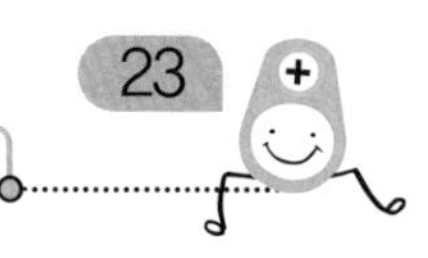

● 곱셈을 하시오.

(1)
$$\begin{array}{r} 545 \\ \times \quad 16 \\ \hline \end{array}$$

(2)
$$\begin{array}{r} 546 \\ \times \quad 23 \\ \hline \end{array}$$

(3)
$$\begin{array}{r} 624 \\ \times \quad 45 \\ \hline \end{array}$$

(4)
$$\begin{array}{r} 618 \\ \times \quad 89 \\ \hline \end{array}$$

(5)
$$\begin{array}{r} 738 \\ \times \quad 95 \\ \hline \end{array}$$

(6)
$$\begin{array}{r} 822 \\ \times \quad 52 \\ \hline \end{array}$$

(7)
$$\begin{array}{r} 517 \\ \times \quad 64 \\ \hline \end{array}$$

(8)
$$\begin{array}{r} 628 \\ \times \quad 69 \\ \hline \end{array}$$

(9)
$$\begin{array}{r} 754 \\ \times \quad 80 \\ \hline \end{array}$$

(10)
$$\begin{array}{r} 732 \\ \times \quad 43 \\ \hline \end{array}$$

(11)
$$\begin{array}{r} 833 \\ \times \quad 24 \\ \hline \end{array}$$

(12)
$$\begin{array}{r} 905 \\ \times \quad 37 \\ \hline \end{array}$$

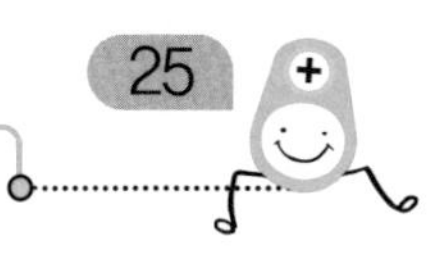

● 곱셈을 하시오.

(1)
$$\begin{array}{r} 532 \\ \times \quad 24 \\ \hline \end{array}$$

(2)
$$\begin{array}{r} 543 \\ \times \quad 33 \\ \hline \end{array}$$

(3)
$$\begin{array}{r} 682 \\ \times \quad 76 \\ \hline \end{array}$$

(4)
$$\begin{array}{r} 658 \\ \times \quad 50 \\ \hline \end{array}$$

(5)
$$\begin{array}{r} 751 \\ \times \quad 42 \\ \hline \end{array}$$

(6)
$$\begin{array}{r} 804 \\ \times \quad 69 \\ \hline \end{array}$$

(7)
$$\begin{array}{r} 573 \\ \times \quad 45 \\ \hline \end{array}$$

(8)
$$\begin{array}{r} 643 \\ \times \quad 34 \\ \hline \end{array}$$

(9)
$$\begin{array}{r} 752 \\ \times \quad 62 \\ \hline \end{array}$$

(10)
$$\begin{array}{r} 777 \\ \times \quad 22 \\ \hline \end{array}$$

(11)
$$\begin{array}{r} 871 \\ \times \quad 57 \\ \hline \end{array}$$

(12)
$$\begin{array}{r} 952 \\ \times \quad 87 \\ \hline \end{array}$$

● 곱셈을 하시오.

(1)
$$\begin{array}{r} 170 \\ \times \quad 48 \\ \hline \end{array}$$

(4)
$$\begin{array}{r} 431 \\ \times \quad 32 \\ \hline \end{array}$$

(2)
$$\begin{array}{r} 262 \\ \times \quad 32 \\ \hline \end{array}$$

(5)
$$\begin{array}{r} 585 \\ \times \quad 28 \\ \hline \end{array}$$

(3)
$$\begin{array}{r} 333 \\ \times \quad 55 \\ \hline \end{array}$$

(6)
$$\begin{array}{r} 600 \\ \times \quad 70 \\ \hline \end{array}$$

(7)
$$\begin{array}{r} 342 \\ \times \quad 42 \\ \hline \end{array}$$

(8)
$$\begin{array}{r} 407 \\ \times \quad 62 \\ \hline \end{array}$$

(9)
$$\begin{array}{r} 614 \\ \times \quad 72 \\ \hline \end{array}$$

(10)
$$\begin{array}{r} 548 \\ \times \quad 54 \\ \hline \end{array}$$

(11)
$$\begin{array}{r} 748 \\ \times \quad 80 \\ \hline \end{array}$$

(12)
$$\begin{array}{r} 934 \\ \times \quad 26 \\ \hline \end{array}$$

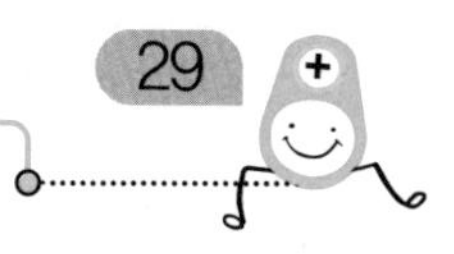

● 곱셈을 하시오.

(1) $\begin{array}{r} 182 \\ \times \quad 35 \\ \hline \end{array}$

(2) $\begin{array}{r} 211 \\ \times \quad 23 \\ \hline \end{array}$

(3) $\begin{array}{r} 423 \\ \times \quad 59 \\ \hline \end{array}$

(4) $\begin{array}{r} 524 \\ \times \quad 34 \\ \hline \end{array}$

(5) $\begin{array}{r} 623 \\ \times \quad 73 \\ \hline \end{array}$

(6) $\begin{array}{r} 760 \\ \times \quad 60 \\ \hline \end{array}$

(7)
$$\begin{array}{r} 331 \\ \times \quad 42 \\ \hline \end{array}$$

(8)
$$\begin{array}{r} 456 \\ \times \quad 68 \\ \hline \end{array}$$

(9)
$$\begin{array}{r} 562 \\ \times \quad 39 \\ \hline \end{array}$$

(10)
$$\begin{array}{r} 612 \\ \times \quad 68 \\ \hline \end{array}$$

(11)
$$\begin{array}{r} 755 \\ \times \quad 52 \\ \hline \end{array}$$

(12)
$$\begin{array}{r} 862 \\ \times \quad 24 \\ \hline \end{array}$$

● 곱셈을 하시오.

(1)
$$\begin{array}{r} 143 \\ \times \quad 52 \\ \hline \end{array}$$

(2)
$$\begin{array}{r} 222 \\ \times \quad 68 \\ \hline \end{array}$$

(3)
$$\begin{array}{r} 360 \\ \times \quad 75 \\ \hline \end{array}$$

(4)
$$\begin{array}{r} 570 \\ \times \quad 30 \\ \hline \end{array}$$

(5)
$$\begin{array}{r} 652 \\ \times \quad 49 \\ \hline \end{array}$$

(6)
$$\begin{array}{r} 743 \\ \times \quad 27 \\ \hline \end{array}$$

(7)
$$\begin{array}{r} 276 \\ \times \quad 37 \\ \hline \end{array}$$

(8)
$$\begin{array}{r} 306 \\ \times \quad 83 \\ \hline \end{array}$$

(9)
$$\begin{array}{r} 500 \\ \times \quad 70 \\ \hline \end{array}$$

(10)
$$\begin{array}{r} 442 \\ \times \quad 68 \\ \hline \end{array}$$

(11)
$$\begin{array}{r} 873 \\ \times \quad 12 \\ \hline \end{array}$$

(12)
$$\begin{array}{r} 942 \\ \times \quad 59 \\ \hline \end{array}$$

● 곱셈을 하시오.

(1)
$$\begin{array}{r} 125 \\ \times \quad 48 \\ \hline \end{array}$$

(4)
$$\begin{array}{r} 504 \\ \times \quad 67 \\ \hline \end{array}$$

(2)
$$\begin{array}{r} 320 \\ \times \quad 60 \\ \hline \end{array}$$

(5)
$$\begin{array}{r} 623 \\ \times \quad 38 \\ \hline \end{array}$$

(3)
$$\begin{array}{r} 443 \\ \times \quad 52 \\ \hline \end{array}$$

(6)
$$\begin{array}{r} 800 \\ \times \quad 50 \\ \hline \end{array}$$

(7) $\begin{array}{r} 122 \\ \times \quad 34 \\ \hline \end{array}$

(8) $\begin{array}{r} 263 \\ \times \quad 43 \\ \hline \end{array}$

(9) $\begin{array}{r} 367 \\ \times \quad 25 \\ \hline \end{array}$

(10) $\begin{array}{r} 513 \\ \times \quad 58 \\ \hline \end{array}$

(11) $\begin{array}{r} 782 \\ \times \quad 64 \\ \hline \end{array}$

(12) $\begin{array}{r} 870 \\ \times \quad 79 \\ \hline \end{array}$

● 곱셈을 하시오.

(1)
$$\begin{array}{r} 124 \\ \times \quad 75 \\ \hline \end{array}$$

(2)
$$\begin{array}{r} 254 \\ \times \quad 79 \\ \hline \end{array}$$

(3)
$$\begin{array}{r} 314 \\ \times \quad 82 \\ \hline \end{array}$$

(4)
$$\begin{array}{r} 478 \\ \times \quad 60 \\ \hline \end{array}$$

(5)
$$\begin{array}{r} 633 \\ \times \quad 36 \\ \hline \end{array}$$

(6)
$$\begin{array}{r} 853 \\ \times \quad 55 \\ \hline \end{array}$$

(7)
$$\begin{array}{r} 223 \\ \times \quad 23 \\ \hline \end{array}$$

(8)
$$\begin{array}{r} 684 \\ \times \quad 37 \\ \hline \end{array}$$

★(9)
$$\begin{array}{r} 1230 \\ \times \quad 23 \\ \hline \end{array}$$

(10)
$$\begin{array}{r} 415 \\ \times \quad 69 \\ \hline \end{array}$$

(11)
$$\begin{array}{r} 831 \\ \times \quad 56 \\ \hline \end{array}$$

(12)
$$\begin{array}{r} 3152 \\ \times \quad 14 \\ \hline \end{array}$$

● 곱셈을 하시오.

(1)
$$\begin{array}{r} 133 \\ \times \quad 37 \\ \hline \end{array}$$

(2)
$$\begin{array}{r} 250 \\ \times \quad 40 \\ \hline \end{array}$$

(3)
$$\begin{array}{r} 351 \\ \times \quad 72 \\ \hline \end{array}$$

(4)
$$\begin{array}{r} 596 \\ \times \quad 85 \\ \hline \end{array}$$

(5)
$$\begin{array}{r} 702 \\ \times \quad 68 \\ \hline \end{array}$$

(6)
$$\begin{array}{r} 913 \\ \times \quad 56 \\ \hline \end{array}$$

(7)
$$\begin{array}{r} 364 \\ \times \quad 75 \\ \hline \end{array}$$

(8)
$$\begin{array}{r} 581 \\ \times \quad 36 \\ \hline \end{array}$$

(9)
$$\begin{array}{r} 2464 \\ \times \quad 12 \\ \hline \end{array}$$

(10)
$$\begin{array}{r} 453 \\ \times \quad 85 \\ \hline \end{array}$$

(11)
$$\begin{array}{r} 860 \\ \times \quad 47 \\ \hline \end{array}$$

(12)
$$\begin{array}{r} 4315 \\ \times \quad 23 \\ \hline \end{array}$$

● 곱셈을 하시오.

(1)
$$\begin{array}{r} 213 \\ \times \quad 47 \\ \hline \end{array}$$

(2)
$$\begin{array}{r} 343 \\ \times \quad 75 \\ \hline \end{array}$$

(3)
$$\begin{array}{r} 521 \\ \times \quad 86 \\ \hline \end{array}$$

(4)
$$\begin{array}{r} 483 \\ \times \quad 39 \\ \hline \end{array}$$

(5)
$$\begin{array}{r} 645 \\ \times \quad 60 \\ \hline \end{array}$$

(6)
$$\begin{array}{r} 783 \\ \times \quad 26 \\ \hline \end{array}$$

(7)
$$\begin{array}{r} 457 \\ \times \quad 91 \\ \hline \end{array}$$

(8)
$$\begin{array}{r} 634 \\ \times \quad 63 \\ \hline \end{array}$$

(9)
$$\begin{array}{r} 2334 \\ \times \quad 32 \\ \hline \end{array}$$

(10)
$$\begin{array}{r} 725 \\ \times \quad 48 \\ \hline \end{array}$$

(11)
$$\begin{array}{r} 930 \\ \times \quad 80 \\ \hline \end{array}$$

(12)
$$\begin{array}{r} 4361 \\ \times \quad 22 \\ \hline \end{array}$$

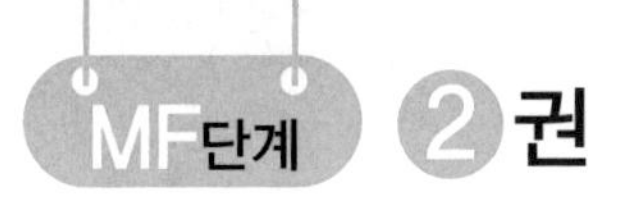

곱셈의 완성

요일	교재 번호	학습한 날짜	확인
1일차(월)	01~08	월 일	
2일차(화)	09~16	월 일	
3일차(수)	17~24	월 일	
4일차(목)	25~32	월 일	
5일차(금)	33~40	월 일	

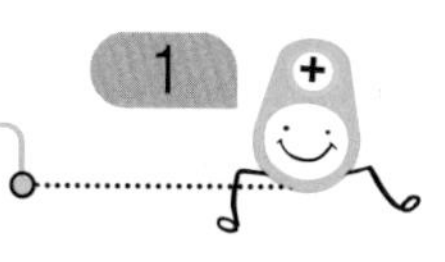

● 곱셈을 하시오.

(1) $\begin{array}{r} 20 \\ \times \quad 7 \\ \hline \end{array}$

(2) $\begin{array}{r} 14 \\ \times \quad 6 \\ \hline \end{array}$

(3) $\begin{array}{r} 31 \\ \times \quad 3 \\ \hline \end{array}$

(4) $\begin{array}{r} 62 \\ \times \quad 4 \\ \hline \end{array}$

(5) $\begin{array}{r} 15 \\ \times \quad 5 \\ \hline \end{array}$

(6) $\begin{array}{r} 12 \\ \times \quad 4 \\ \hline \end{array}$

(7) $\begin{array}{r} 26 \\ \times \quad 3 \\ \hline \end{array}$

(8) $\begin{array}{r} 72 \\ \times \quad 3 \\ \hline \end{array}$

(9)
$$\begin{array}{r} 42 \\ \times \quad 2 \\ \hline \end{array}$$

(10)
$$\begin{array}{r} 36 \\ \times \quad 3 \\ \hline \end{array}$$

(11)
$$\begin{array}{r} 22 \\ \times \quad 3 \\ \hline \end{array}$$

(12)
$$\begin{array}{r} 82 \\ \times \quad 3 \\ \hline \end{array}$$

(13)
$$\begin{array}{r} 17 \\ \times \quad 4 \\ \hline \end{array}$$

(14)
$$\begin{array}{r} 41 \\ \times \quad 6 \\ \hline \end{array}$$

(15)
$$\begin{array}{r} 53 \\ \times \quad 2 \\ \hline \end{array}$$

(16)
$$\begin{array}{r} 92 \\ \times \quad 2 \\ \hline \end{array}$$

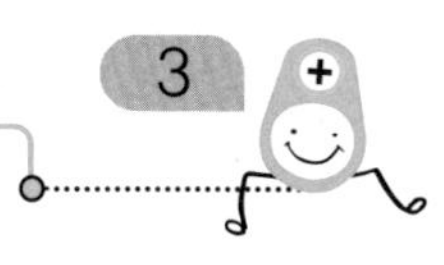

● 곱셈을 하시오.

(1) $\begin{array}{r} 18 \\ \times \quad 6 \\ \hline \end{array}$

(2) $\begin{array}{r} 45 \\ \times \quad 8 \\ \hline \end{array}$

(3) $\begin{array}{r} 32 \\ \times \quad 4 \\ \hline \end{array}$

(4) $\begin{array}{r} 66 \\ \times \quad 5 \\ \hline \end{array}$

(5) $\begin{array}{r} 33 \\ \times \quad 3 \\ \hline \end{array}$

(6) $\begin{array}{r} 27 \\ \times \quad 3 \\ \hline \end{array}$

(7) $\begin{array}{r} 56 \\ \times \quad 4 \\ \hline \end{array}$

(8) $\begin{array}{r} 86 \\ \times \quad 2 \\ \hline \end{array}$

(9)
$$\begin{array}{r} 43 \\ \times \quad 2 \\ \hline \end{array}$$

(10)
$$\begin{array}{r} 25 \\ \times \quad 5 \\ \hline \end{array}$$

(11)
$$\begin{array}{r} 83 \\ \times \quad 2 \\ \hline \end{array}$$

(12)
$$\begin{array}{r} 47 \\ \times \quad 4 \\ \hline \end{array}$$

(13)
$$\begin{array}{r} 78 \\ \times \quad 6 \\ \hline \end{array}$$

(14)
$$\begin{array}{r} 38 \\ \times \quad 2 \\ \hline \end{array}$$

(15)
$$\begin{array}{r} 55 \\ \times \quad 8 \\ \hline \end{array}$$

(16)
$$\begin{array}{r} 98 \\ \times \quad 3 \\ \hline \end{array}$$

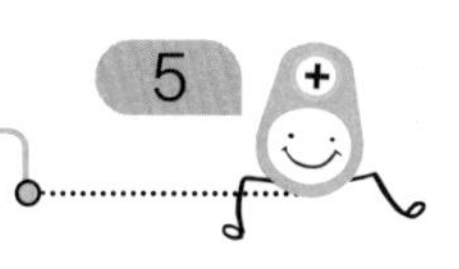

● 곱셈을 하시오.

(1) $\begin{array}{r} 42 \\ \times \quad 3 \\ \hline \end{array}$

(2) $\begin{array}{r} 13 \\ \times \quad 5 \\ \hline \end{array}$

(3) $\begin{array}{r} 37 \\ \times \quad 2 \\ \hline \end{array}$

(4) $\begin{array}{r} 76 \\ \times \quad 3 \\ \hline \end{array}$

(5) $\begin{array}{r} 69 \\ \times \quad 2 \\ \hline \end{array}$

(6) $\begin{array}{r} 81 \\ \times \quad 5 \\ \hline \end{array}$

(7) $\begin{array}{r} 28 \\ \times \quad 4 \\ \hline \end{array}$

(8) $\begin{array}{r} 58 \\ \times \quad 6 \\ \hline \end{array}$

(9)
$$\begin{array}{r} 77 \\ \times \quad 4 \\ \hline \end{array}$$

(10)
$$\begin{array}{r} 92 \\ \times \quad 3 \\ \hline \end{array}$$

(11)
$$\begin{array}{r} 18 \\ \times \quad 3 \\ \hline \end{array}$$

(12)
$$\begin{array}{r} 36 \\ \times \quad 8 \\ \hline \end{array}$$

(13)
$$\begin{array}{r} 29 \\ \times \quad 7 \\ \hline \end{array}$$

(14)
$$\begin{array}{r} 51 \\ \times \quad 5 \\ \hline \end{array}$$

(15)
$$\begin{array}{r} 63 \\ \times \quad 2 \\ \hline \end{array}$$

(16)
$$\begin{array}{r} 59 \\ \times \quad 6 \\ \hline \end{array}$$

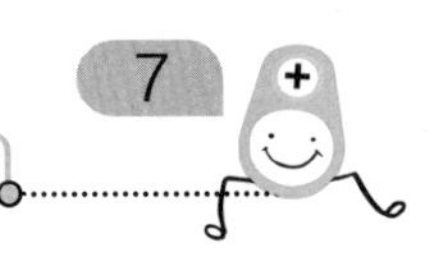

● 곱셈을 하시오.

(1)
$$\begin{array}{r} 52 \\ \times \quad 4 \\ \hline \end{array}$$

(2)
$$\begin{array}{r} 27 \\ \times \quad 5 \\ \hline \end{array}$$

(3)
$$\begin{array}{r} 16 \\ \times \quad 9 \\ \hline \end{array}$$

(4)
$$\begin{array}{r} 81 \\ \times \quad 3 \\ \hline \end{array}$$

(5)
$$\begin{array}{r} 46 \\ \times \quad 7 \\ \hline \end{array}$$

(6)
$$\begin{array}{r} 85 \\ \times \quad 8 \\ \hline \end{array}$$

(7)
$$\begin{array}{r} 61 \\ \times \quad 8 \\ \hline \end{array}$$

(8)
$$\begin{array}{r} 95 \\ \times \quad 4 \\ \hline \end{array}$$

(9)

$$\begin{array}{r} 48 \\ \times \quad 3 \\ \hline \end{array}$$

(10)

$$\begin{array}{r} 12 \\ \times \quad 7 \\ \hline \end{array}$$

(11)

$$\begin{array}{r} 55 \\ \times \quad 6 \\ \hline \end{array}$$

(12)

$$\begin{array}{r} 19 \\ \times \quad 3 \\ \hline \end{array}$$

(13)

$$\begin{array}{r} 64 \\ \times \quad 2 \\ \hline \end{array}$$

(14)

$$\begin{array}{r} 25 \\ \times \quad 3 \\ \hline \end{array}$$

(15)

$$\begin{array}{r} 98 \\ \times \quad 2 \\ \hline \end{array}$$

(16)

$$\begin{array}{r} 75 \\ \times \quad 4 \\ \hline \end{array}$$

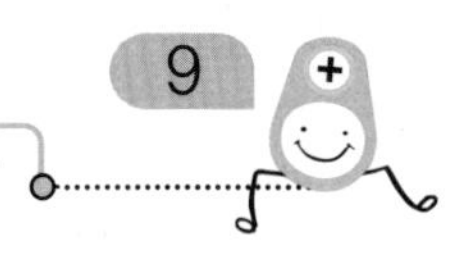

● 곱셈을 하시오.

(1) $\begin{array}{r} 16 \\ \times \quad 7 \\ \hline \end{array}$

(2) $\begin{array}{r} 57 \\ \times \quad 3 \\ \hline \end{array}$

(3) $\begin{array}{r} 37 \\ \times \quad 8 \\ \hline \end{array}$

(4) $\begin{array}{r} 88 \\ \times \quad 6 \\ \hline \end{array}$

(5) $\begin{array}{r} 46 \\ \times \quad 3 \\ \hline \end{array}$

(6) $\begin{array}{r} 26 \\ \times \quad 2 \\ \hline \end{array}$

(7) $\begin{array}{r} 65 \\ \times \quad 4 \\ \hline \end{array}$

(8) $\begin{array}{r} 74 \\ \times \quad 7 \\ \hline \end{array}$

(9)
$$\begin{array}{r} 9\ 3 \\ \times \quad 2 \\ \hline \end{array}$$

(10)
$$\begin{array}{r} 3\ 4 \\ \times \quad 8 \\ \hline \end{array}$$

(11)
$$\begin{array}{r} 6\ 1 \\ \times \quad 7 \\ \hline \end{array}$$

(12)
$$\begin{array}{r} 5\ 4 \\ \times \quad 3 \\ \hline \end{array}$$

(13)
$$\begin{array}{r} 7\ 9 \\ \times \quad 3 \\ \hline \end{array}$$

(14)
$$\begin{array}{r} 2\ 8 \\ \times \quad 3 \\ \hline \end{array}$$

(15)
$$\begin{array}{r} 4\ 9 \\ \times \quad 4 \\ \hline \end{array}$$

(16)
$$\begin{array}{r} 8\ 4 \\ \times \quad 7 \\ \hline \end{array}$$

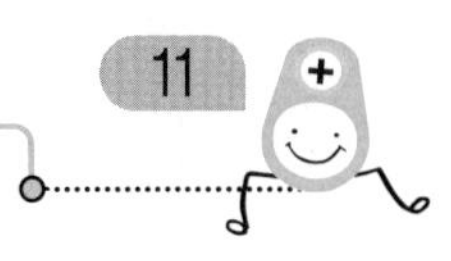

● 곱셈을 하시오.

(1) $\begin{array}{r} 19 \\ \times\ \ 8 \\ \hline \end{array}$

(2) $\begin{array}{r} 48 \\ \times\ \ 5 \\ \hline \end{array}$

(3) $\begin{array}{r} 35 \\ \times\ \ 4 \\ \hline \end{array}$

(4) $\begin{array}{r} 53 \\ \times\ \ 6 \\ \hline \end{array}$

(5) $\begin{array}{r} 29 \\ \times\ \ 5 \\ \hline \end{array}$

(6) $\begin{array}{r} 87 \\ \times\ \ 3 \\ \hline \end{array}$

(7) $\begin{array}{r} 73 \\ \times\ \ 2 \\ \hline \end{array}$

(8) $\begin{array}{r} 68 \\ \times\ \ 7 \\ \hline \end{array}$

(9) $\begin{array}{r} 53 \\ \times \quad 3 \\ \hline \end{array}$

(10) $\begin{array}{r} 23 \\ \times \quad 9 \\ \hline \end{array}$

(11) $\begin{array}{r} 39 \\ \times \quad 2 \\ \hline \end{array}$

(12) $\begin{array}{r} 89 \\ \times \quad 6 \\ \hline \end{array}$

(13) $\begin{array}{r} 71 \\ \times \quad 8 \\ \hline \end{array}$

(14) $\begin{array}{r} 44 \\ \times \quad 7 \\ \hline \end{array}$

(15) $\begin{array}{r} 67 \\ \times \quad 9 \\ \hline \end{array}$

(16) $\begin{array}{r} 96 \\ \times \quad 3 \\ \hline \end{array}$

● 곱셈을 하시오.

(1) 130×4

(2) 308×4

(3) 543×6

(4) 637×8

(5) 216×5

(6) 182×3

(7) 429×7

(8) 1214×3

(9)
$$\begin{array}{r} 615 \\ \times \quad 5 \\ \hline \end{array}$$

(10)
$$\begin{array}{r} 336 \\ \times \quad 3 \\ \hline \end{array}$$

(11)
$$\begin{array}{r} 680 \\ \times \quad 7 \\ \hline \end{array}$$

(12)
$$\begin{array}{r} 591 \\ \times \quad 9 \\ \hline \end{array}$$

(13)
$$\begin{array}{r} 192 \\ \times \quad 4 \\ \hline \end{array}$$

(14)
$$\begin{array}{r} 823 \\ \times \quad 4 \\ \hline \end{array}$$

(15)
$$\begin{array}{r} 289 \\ \times \quad 6 \\ \hline \end{array}$$

(16)
$$\begin{array}{r} 2451 \\ \times \quad 2 \\ \hline \end{array}$$

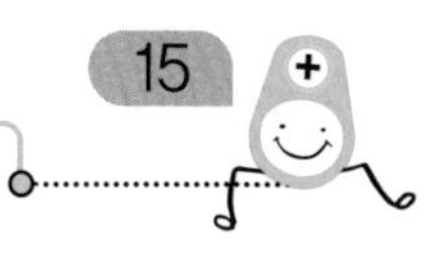

● 곱셈을 하시오.

(1) $\begin{array}{r} 259 \\ \times \quad 4 \\ \hline \end{array}$

(2) $\begin{array}{r} 318 \\ \times \quad 2 \\ \hline \end{array}$

(3) $\begin{array}{r} 571 \\ \times \quad 6 \\ \hline \end{array}$

(4) $\begin{array}{r} 482 \\ \times \quad 2 \\ \hline \end{array}$

(5) $\begin{array}{r} 638 \\ \times \quad 3 \\ \hline \end{array}$

(6) $\begin{array}{r} 718 \\ \times \quad 9 \\ \hline \end{array}$

(7) $\begin{array}{r} 827 \\ \times \quad 3 \\ \hline \end{array}$

(8) $\begin{array}{r} 1621 \\ \times \quad 5 \\ \hline \end{array}$

(9)
$$\begin{array}{r} 396 \\ \times \quad 3 \\ \hline \end{array}$$

(10)
$$\begin{array}{r} 657 \\ \times \quad 2 \\ \hline \end{array}$$

(11)
$$\begin{array}{r} 118 \\ \times \quad 6 \\ \hline \end{array}$$

(12)
$$\begin{array}{r} 734 \\ \times \quad 9 \\ \hline \end{array}$$

(13)
$$\begin{array}{r} 218 \\ \times \quad 4 \\ \hline \end{array}$$

(14)
$$\begin{array}{r} 541 \\ \times \quad 8 \\ \hline \end{array}$$

(15)
$$\begin{array}{r} 492 \\ \times \quad 3 \\ \hline \end{array}$$

(16)
$$\begin{array}{r} 2304 \\ \times \quad 7 \\ \hline \end{array}$$

● 곱셈을 하시오.

(1) $\begin{array}{r} 21 \\ \times\ 12 \\ \hline \end{array}$

(2) $\begin{array}{r} 14 \\ \times\ 41 \\ \hline \end{array}$

(3) $\begin{array}{r} 40 \\ \times\ 23 \\ \hline \end{array}$

(4) $\begin{array}{r} 17 \\ \times\ 15 \\ \hline \end{array}$

(5) $\begin{array}{r} 33 \\ \times\ 12 \\ \hline \end{array}$

(6) $\begin{array}{r} 36 \\ \times\ 13 \\ \hline \end{array}$

(7)
$$\begin{array}{r} 52 \\ \times\ 13 \\ \hline \end{array}$$

(8)
$$\begin{array}{r} 23 \\ \times\ 22 \\ \hline \end{array}$$

(9)
$$\begin{array}{r} 47 \\ \times\ 26 \\ \hline \end{array}$$

(10)
$$\begin{array}{r} 31 \\ \times\ 31 \\ \hline \end{array}$$

(11)
$$\begin{array}{r} 15 \\ \times\ 32 \\ \hline \end{array}$$

(12)
$$\begin{array}{r} 26 \\ \times\ 13 \\ \hline \end{array}$$

● 곱셈을 하시오.

(1) $\begin{array}{r} 12 \\ \times\ 63 \\ \hline \end{array}$

(2) $\begin{array}{r} 32 \\ \times\ 22 \\ \hline \end{array}$

(3) $\begin{array}{r} 28 \\ \times\ 18 \\ \hline \end{array}$

(4) $\begin{array}{r} 17 \\ \times\ 41 \\ \hline \end{array}$

(5) $\begin{array}{r} 46 \\ \times\ 14 \\ \hline \end{array}$

(6) $\begin{array}{r} 53 \\ \times\ 25 \\ \hline \end{array}$

(7)
$$\begin{array}{r} 27 \\ \times\ 22 \\ \hline \end{array}$$

(8)
$$\begin{array}{r} 43 \\ \times\ 12 \\ \hline \end{array}$$

(9)
$$\begin{array}{r} 21 \\ \times\ 54 \\ \hline \end{array}$$

(10)
$$\begin{array}{r} 62 \\ \times\ 32 \\ \hline \end{array}$$

(11)
$$\begin{array}{r} 14 \\ \times\ 57 \\ \hline \end{array}$$

(12)
$$\begin{array}{r} 72 \\ \times\ 18 \\ \hline \end{array}$$

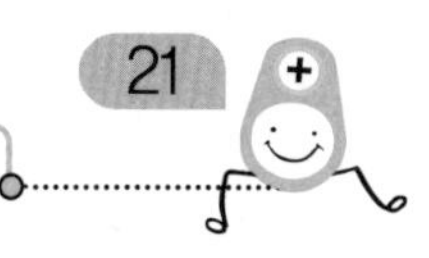

● 곱셈을 하시오.

(1) $\begin{array}{r} 25 \\ \times\ 31 \\ \hline \end{array}$

(2) $\begin{array}{r} 59 \\ \times\ 32 \\ \hline \end{array}$

(3) $\begin{array}{r} 34 \\ \times\ 27 \\ \hline \end{array}$

(4) $\begin{array}{r} 43 \\ \times\ 35 \\ \hline \end{array}$

(5) $\begin{array}{r} 71 \\ \times\ 13 \\ \hline \end{array}$

(6) $\begin{array}{r} 65 \\ \times\ 26 \\ \hline \end{array}$

(7)
$$\begin{array}{r} 74 \\ \times\ 32 \\ \hline \end{array}$$

(8)
$$\begin{array}{r} 56 \\ \times\ 64 \\ \hline \end{array}$$

(9)
$$\begin{array}{r} 39 \\ \times\ 45 \\ \hline \end{array}$$

(10)
$$\begin{array}{r} 27 \\ \times\ 51 \\ \hline \end{array}$$

(11)
$$\begin{array}{r} 48 \\ \times\ 32 \\ \hline \end{array}$$

(12)
$$\begin{array}{r} 87 \\ \times\ 15 \\ \hline \end{array}$$

● 곱셈을 하시오.

(1) $\begin{array}{r} 16 \\ \times 44 \\ \hline \end{array}$

(2) $\begin{array}{r} 68 \\ \times 23 \\ \hline \end{array}$

(3) $\begin{array}{r} 55 \\ \times 24 \\ \hline \end{array}$

(4) $\begin{array}{r} 21 \\ \times 48 \\ \hline \end{array}$

(5) $\begin{array}{r} 37 \\ \times 12 \\ \hline \end{array}$

(6) $\begin{array}{r} 77 \\ \times 66 \\ \hline \end{array}$

(7)
$$\begin{array}{r} 36 \\ \times\ 83 \\ \hline \end{array}$$

(8)
$$\begin{array}{r} 45 \\ \times\ 42 \\ \hline \end{array}$$

(9)
$$\begin{array}{r} 82 \\ \times\ 25 \\ \hline \end{array}$$

(10)
$$\begin{array}{r} 54 \\ \times\ 35 \\ \hline \end{array}$$

(11)
$$\begin{array}{r} 19 \\ \times\ 31 \\ \hline \end{array}$$

(12)
$$\begin{array}{r} 75 \\ \times\ 36 \\ \hline \end{array}$$

● 곱셈을 하시오.

(1) $\begin{array}{r} 16 \\ \times\ 12 \\ \hline \end{array}$

(4) $\begin{array}{r} 29 \\ \times\ 38 \\ \hline \end{array}$

(2) $\begin{array}{r} 85 \\ \times\ 22 \\ \hline \end{array}$

(5) $\begin{array}{r} 42 \\ \times\ 39 \\ \hline \end{array}$

(3) $\begin{array}{r} 71 \\ \times\ 45 \\ \hline \end{array}$

(6) $\begin{array}{r} 23 \\ \times\ 14 \\ \hline \end{array}$

(7)
$$\begin{array}{r} 35 \\ \times\ 18 \\ \hline \end{array}$$

(8)
$$\begin{array}{r} 14 \\ \times\ 83 \\ \hline \end{array}$$

(9)
$$\begin{array}{r} 67 \\ \times\ 28 \\ \hline \end{array}$$

(10)
$$\begin{array}{r} 49 \\ \times\ 43 \\ \hline \end{array}$$

(11)
$$\begin{array}{r} 73 \\ \times\ 33 \\ \hline \end{array}$$

(12)
$$\begin{array}{r} 44 \\ \times\ 56 \\ \hline \end{array}$$

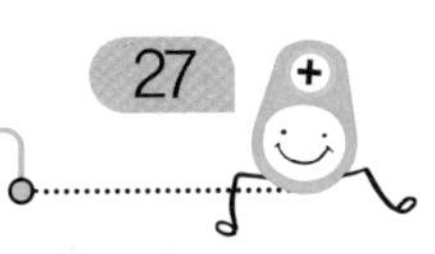

● 곱셈을 하시오.

(1) $\begin{array}{r} 22 \\ \times\ 19 \\ \hline \end{array}$

(2) $\begin{array}{r} 96 \\ \times\ 14 \\ \hline \end{array}$

(3) $\begin{array}{r} 34 \\ \times\ 82 \\ \hline \end{array}$

(4) $\begin{array}{r} 18 \\ \times\ 21 \\ \hline \end{array}$

(5) $\begin{array}{r} 41 \\ \times\ 28 \\ \hline \end{array}$

(6) $\begin{array}{r} 47 \\ \times\ 42 \\ \hline \end{array}$

(7)
$$\begin{array}{r} 12 \\ \times\ 46 \\ \hline \end{array}$$

(8)
$$\begin{array}{r} 97 \\ \times\ 26 \\ \hline \end{array}$$

(9)
$$\begin{array}{r} 36 \\ \times\ 63 \\ \hline \end{array}$$

(10)
$$\begin{array}{r} 39 \\ \times\ 17 \\ \hline \end{array}$$

(11)
$$\begin{array}{r} 24 \\ \times\ 72 \\ \hline \end{array}$$

(12)
$$\begin{array}{r} 58 \\ \times\ 41 \\ \hline \end{array}$$

● 곱셈을 하시오.

(1)
$$\begin{array}{r} 13 \\ \times\ 72 \\ \hline \end{array}$$

(2)
$$\begin{array}{r} 35 \\ \times\ 43 \\ \hline \end{array}$$

(3)
$$\begin{array}{r} 78 \\ \times\ 26 \\ \hline \end{array}$$

(4)
$$\begin{array}{r} 57 \\ \times\ 16 \\ \hline \end{array}$$

(5)
$$\begin{array}{r} 22 \\ \times\ 53 \\ \hline \end{array}$$

(6)
$$\begin{array}{r} 44 \\ \times\ 82 \\ \hline \end{array}$$

(7)
$$\begin{array}{r} 30 \\ \times\ 67 \\ \hline \end{array}$$

(8)
$$\begin{array}{r} 66 \\ \times\ 25 \\ \hline \end{array}$$

(9)
$$\begin{array}{r} 29 \\ \times\ 14 \\ \hline \end{array}$$

(10)
$$\begin{array}{r} 76 \\ \times\ 19 \\ \hline \end{array}$$

(11)
$$\begin{array}{r} 28 \\ \times\ 94 \\ \hline \end{array}$$

(12)
$$\begin{array}{r} 88 \\ \times\ 27 \\ \hline \end{array}$$

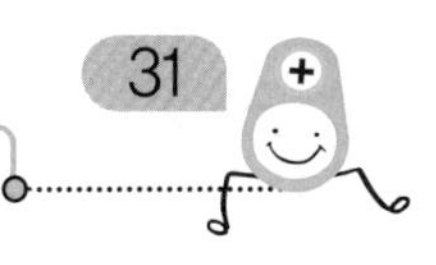

● 곱셈을 하시오.

(1) $\begin{array}{r} 19 \\ \times\ 91 \\ \hline \end{array}$

(2) $\begin{array}{r} 69 \\ \times\ 34 \\ \hline \end{array}$

(3) $\begin{array}{r} 16 \\ \times\ 49 \\ \hline \end{array}$

(4) $\begin{array}{r} 51 \\ \times\ 37 \\ \hline \end{array}$

(5) $\begin{array}{r} 37 \\ \times\ 24 \\ \hline \end{array}$

(6) $\begin{array}{r} 84 \\ \times\ 35 \\ \hline \end{array}$

(7)
$$\begin{array}{r} 18 \\ \times\ 86 \\ \hline \end{array}$$

(8)
$$\begin{array}{r} 89 \\ \times\ 42 \\ \hline \end{array}$$

(9)
$$\begin{array}{r} 29 \\ \times\ 14 \\ \hline \end{array}$$

(10)
$$\begin{array}{r} 43 \\ \times\ 77 \\ \hline \end{array}$$

(11)
$$\begin{array}{r} 98 \\ \times\ 12 \\ \hline \end{array}$$

(12)
$$\begin{array}{r} 61 \\ \times\ 79 \\ \hline \end{array}$$

● 곱셈을 하시오.

(1)
$$\begin{array}{r} 200 \\ \times \quad 26 \\ \hline \end{array}$$

(2)
$$\begin{array}{r} 447 \\ \times \quad 21 \\ \hline \end{array}$$

(3)
$$\begin{array}{r} 514 \\ \times \quad 82 \\ \hline \end{array}$$

(4)
$$\begin{array}{r} 371 \\ \times \quad 42 \\ \hline \end{array}$$

(5)
$$\begin{array}{r} 652 \\ \times \quad 41 \\ \hline \end{array}$$

(6)
$$\begin{array}{r} 430 \\ \times \quad 28 \\ \hline \end{array}$$

(7)
$$\begin{array}{r} 188 \\ \times \quad 57 \\ \hline \end{array}$$

(8)
$$\begin{array}{r} 831 \\ \times \quad 24 \\ \hline \end{array}$$

(9)
$$\begin{array}{r} 547 \\ \times \quad 38 \\ \hline \end{array}$$

(10)
$$\begin{array}{r} 310 \\ \times \quad 93 \\ \hline \end{array}$$

(11)
$$\begin{array}{r} 681 \\ \times \quad 34 \\ \hline \end{array}$$

(12)
$$\begin{array}{r} 723 \\ \times \quad 46 \\ \hline \end{array}$$

● 곱셈을 하시오.

(1)
$$\begin{array}{r} 263 \\ \times \quad 43 \\ \hline \end{array}$$

(4)
$$\begin{array}{r} 401 \\ \times \quad 62 \\ \hline \end{array}$$

(2)
$$\begin{array}{r} 121 \\ \times \quad 28 \\ \hline \end{array}$$

(5)
$$\begin{array}{r} 573 \\ \times \quad 45 \\ \hline \end{array}$$

(3)
$$\begin{array}{r} 843 \\ \times \quad 34 \\ \hline \end{array}$$

(6)
$$\begin{array}{r} 351 \\ \times \quad 72 \\ \hline \end{array}$$

(7)
$$\begin{array}{r} 431 \\ \times \quad 72 \\ \hline \end{array}$$

(8)
$$\begin{array}{r} 612 \\ \times \quad 62 \\ \hline \end{array}$$

(9)
$$\begin{array}{r} 190 \\ \times \quad 34 \\ \hline \end{array}$$

(10)
$$\begin{array}{r} 743 \\ \times \quad 25 \\ \hline \end{array}$$

(11)
$$\begin{array}{r} 308 \\ \times \quad 12 \\ \hline \end{array}$$

(12)
$$\begin{array}{r} 912 \\ \times \quad 37 \\ \hline \end{array}$$

● 곱셈을 하시오.

(1)
$$\begin{array}{r} 120 \\ \times \quad 35 \\ \hline \end{array}$$

(4)
$$\begin{array}{r} 228 \\ \times \quad 14 \\ \hline \end{array}$$

(2)
$$\begin{array}{r} 373 \\ \times \quad 42 \\ \hline \end{array}$$

(5)
$$\begin{array}{r} 647 \\ \times \quad 28 \\ \hline \end{array}$$

(3)
$$\begin{array}{r} 452 \\ \times \quad 52 \\ \hline \end{array}$$

(6)
$$\begin{array}{r} 532 \\ \times \quad 24 \\ \hline \end{array}$$

(7)
$$\begin{array}{r} 512 \\ \times \quad 83 \\ \hline \end{array}$$

(8)
$$\begin{array}{r} 175 \\ \times \quad 62 \\ \hline \end{array}$$

(9)
$$\begin{array}{r} 728 \\ \times \quad 54 \\ \hline \end{array}$$

(10)
$$\begin{array}{r} 252 \\ \times \quad 35 \\ \hline \end{array}$$

(11)
$$\begin{array}{r} 410 \\ \times \quad 42 \\ \hline \end{array}$$

(12)
$$\begin{array}{r} 394 \\ \times \quad 96 \\ \hline \end{array}$$

● 곱셈을 하시오.

(1) $\begin{array}{r} 191 \\ \times \quad 18 \\ \hline \end{array}$

(2) $\begin{array}{r} 575 \\ \times \quad 33 \\ \hline \end{array}$

(3) $\begin{array}{r} 418 \\ \times \quad 21 \\ \hline \end{array}$

(4) $\begin{array}{r} 935 \\ \times \quad 42 \\ \hline \end{array}$

(5) $\begin{array}{r} 234 \\ \times \quad 75 \\ \hline \end{array}$

(6) $\begin{array}{r} 335 \\ \times \quad 54 \\ \hline \end{array}$

(7)
$$\begin{array}{r} 4\,0\,7 \\ \times \quad 6\,2 \\ \hline \end{array}$$

(8)
$$\begin{array}{r} 1\,7\,4 \\ \times \quad 3\,5 \\ \hline \end{array}$$

(9)
$$\begin{array}{r} 3\,1\,7 \\ \times \quad 2\,1 \\ \hline \end{array}$$

(10)
$$\begin{array}{r} 8\,5\,4 \\ \times \quad 3\,2 \\ \hline \end{array}$$

(11)
$$\begin{array}{r} 2\,5\,6 \\ \times \quad 7\,9 \\ \hline \end{array}$$

(12)
$$\begin{array}{r} 5\,6\,8 \\ \times \quad 4\,7 \\ \hline \end{array}$$

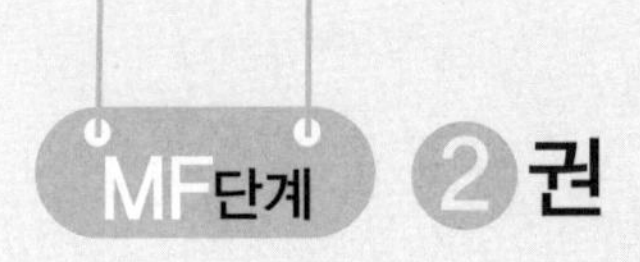

학교 연산 대비하자

연산 UP

MF

연산 UP 1

● 곱셈을 하시오.

(1)
$$\begin{array}{r} 28 \\ \times\ 43 \\ \hline \end{array}$$

(4)
$$\begin{array}{r} 54 \\ \times\ 37 \\ \hline \end{array}$$

(2)
$$\begin{array}{r} 19 \\ \times\ 72 \\ \hline \end{array}$$

(5)
$$\begin{array}{r} 43 \\ \times\ 85 \\ \hline \end{array}$$

(3)
$$\begin{array}{r} 32 \\ \times\ 26 \\ \hline \end{array}$$

(6)
$$\begin{array}{r} 67 \\ \times\ 42 \\ \hline \end{array}$$

(7)
$$\begin{array}{r} 33 \\ \times\ 22 \\ \hline \end{array}$$

(8)
$$\begin{array}{r} 56 \\ \times\ 65 \\ \hline \end{array}$$

(9)
$$\begin{array}{r} 17 \\ \times\ 71 \\ \hline \end{array}$$

(10)
$$\begin{array}{r} 62 \\ \times\ 26 \\ \hline \end{array}$$

(11)
$$\begin{array}{r} 29 \\ \times\ 92 \\ \hline \end{array}$$

(12)
$$\begin{array}{r} 88 \\ \times\ 44 \\ \hline \end{array}$$

● 곱셈을 하시오.

(1)
$$\begin{array}{r} 160 \\ \times \quad 24 \\ \hline \end{array}$$

(4)
$$\begin{array}{r} 593 \\ \times \quad 40 \\ \hline \end{array}$$

(2)
$$\begin{array}{r} 340 \\ \times \quad 16 \\ \hline \end{array}$$

(5)
$$\begin{array}{r} 731 \\ \times \quad 80 \\ \hline \end{array}$$

(3)
$$\begin{array}{r} 400 \\ \times \quad 97 \\ \hline \end{array}$$

(6)
$$\begin{array}{r} 806 \\ \times \quad 71 \\ \hline \end{array}$$

(7)
$$\begin{array}{r} 242 \\ \times \quad 14 \\ \hline \end{array}$$

(8)
$$\begin{array}{r} 153 \\ \times \quad 31 \\ \hline \end{array}$$

(9)
$$\begin{array}{r} 236 \\ \times \quad 22 \\ \hline \end{array}$$

(10)
$$\begin{array}{r} 324 \\ \times \quad 43 \\ \hline \end{array}$$

(11)
$$\begin{array}{r} 418 \\ \times \quad 21 \\ \hline \end{array}$$

(12)
$$\begin{array}{r} 362 \\ \times \quad 35 \\ \hline \end{array}$$

MF

연산 UP 5

● 곱셈을 하시오.

(1)
$$\begin{array}{r} 467 \\ \times \quad 32 \\ \hline \end{array}$$

(2)
$$\begin{array}{r} 543 \\ \times \quad 27 \\ \hline \end{array}$$

(3)
$$\begin{array}{r} 625 \\ \times \quad 48 \\ \hline \end{array}$$

(4)
$$\begin{array}{r} 752 \\ \times \quad 14 \\ \hline \end{array}$$

(5)
$$\begin{array}{r} 816 \\ \times \quad 52 \\ \hline \end{array}$$

(6)
$$\begin{array}{r} 934 \\ \times \quad 36 \\ \hline \end{array}$$

(7)
$$\begin{array}{r} 348 \\ \times \quad 54 \\ \hline \end{array}$$

(8)
$$\begin{array}{r} 684 \\ \times \quad 72 \\ \hline \end{array}$$

(9)
$$\begin{array}{r} 836 \\ \times \quad 63 \\ \hline \end{array}$$

(10)
$$\begin{array}{r} 723 \\ \times \quad 28 \\ \hline \end{array}$$

(11)
$$\begin{array}{r} 517 \\ \times \quad 35 \\ \hline \end{array}$$

(12)
$$\begin{array}{r} 952 \\ \times \quad 46 \\ \hline \end{array}$$

MF

연산 UP 7

● 빈 곳에 알맞은 수를 써넣으시오.

(1)

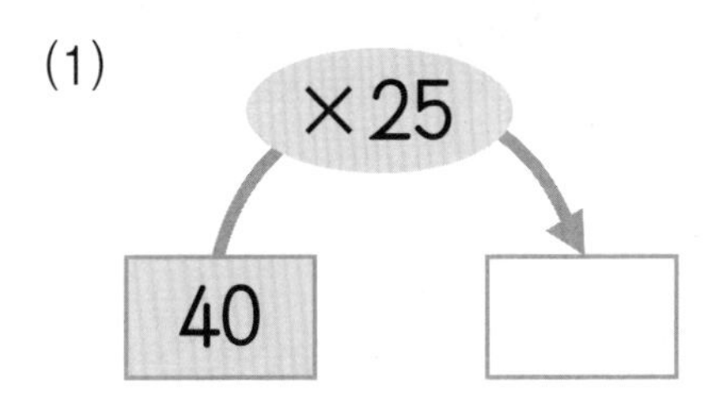

(2)

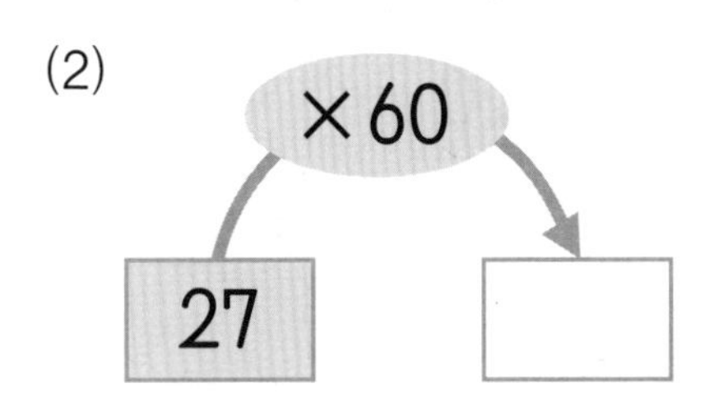

(3)

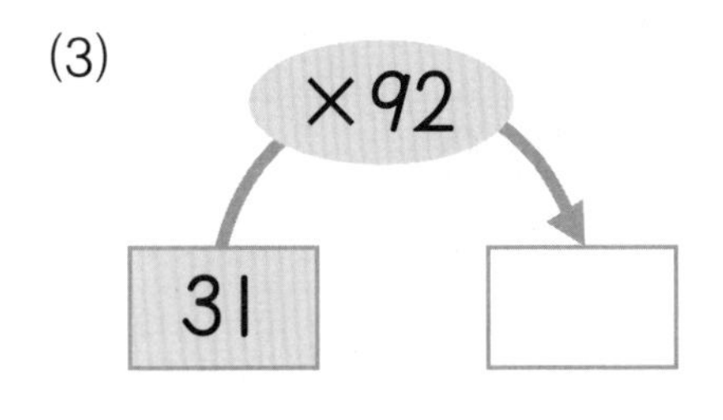

(4)

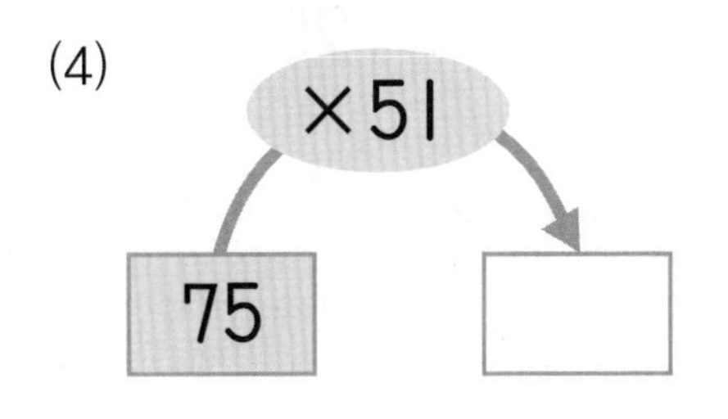

(5)

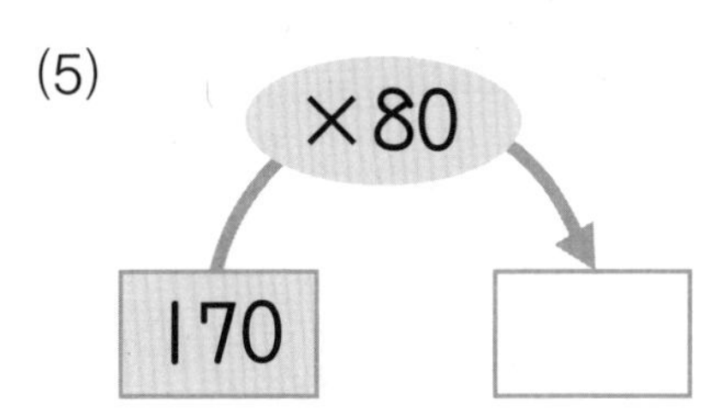

(6)

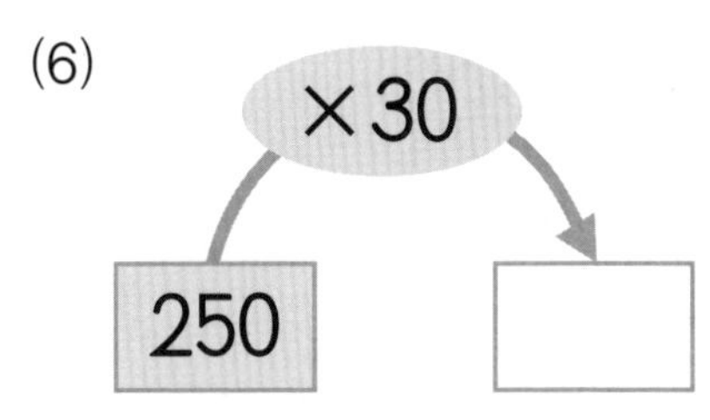

(7)

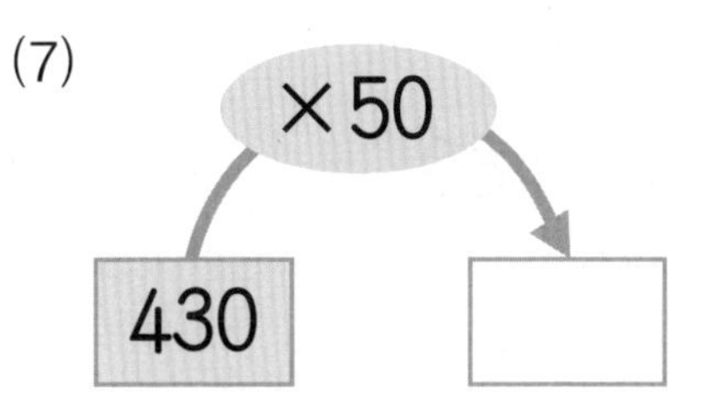

(8)

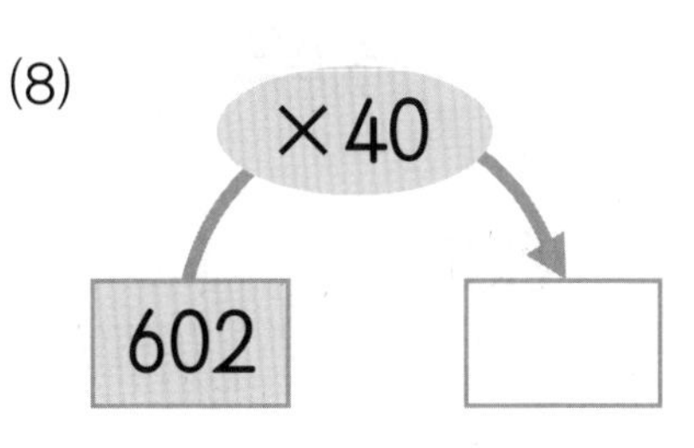

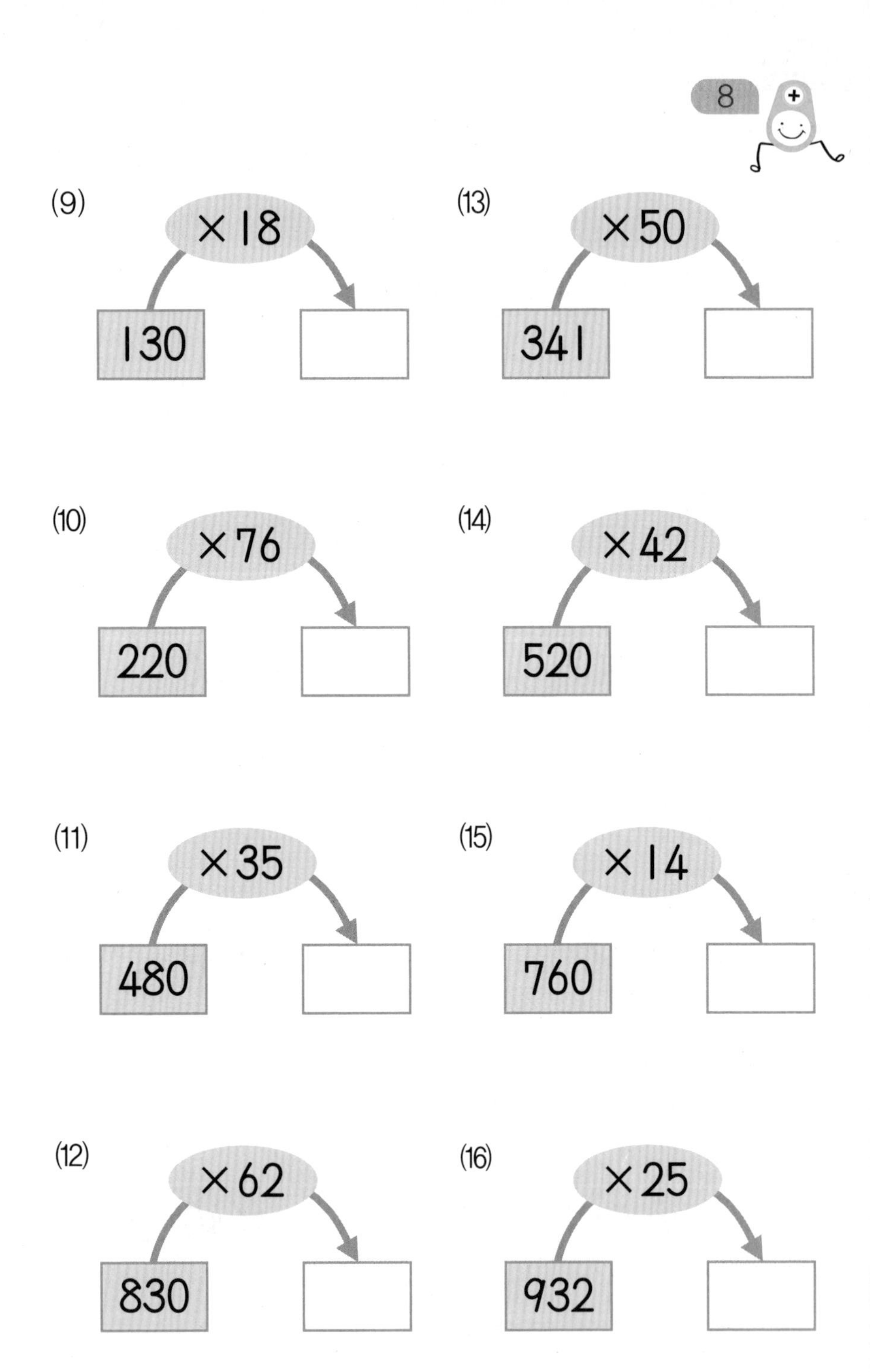
8
(9)
×18
130
(13)
×50
341
(10)
×76
220
(14)
×42
520
(11)
×35
480
(15)
×14
760
(12)
×62
830
(16)
×25
932

● 빈 곳에 알맞은 수를 써넣으시오.

(1)

× →, × ↓

22	35	
45	18	

(2)

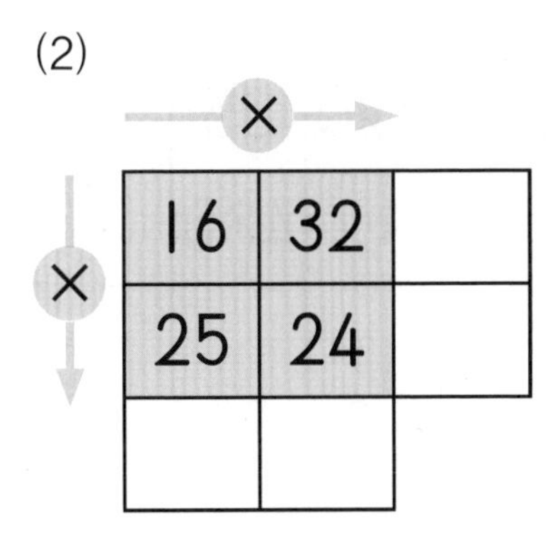

(3)

× →, × ↓

14	75	
27	46	

(4)

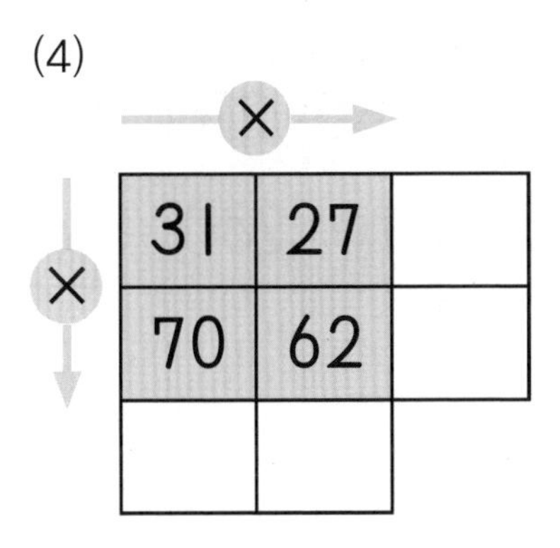

(5)

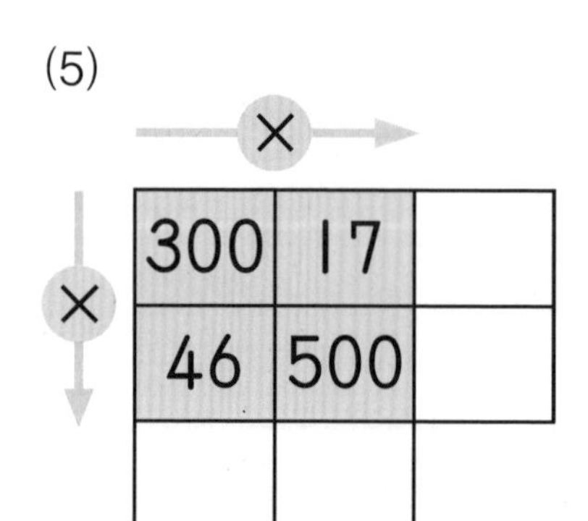

(7)

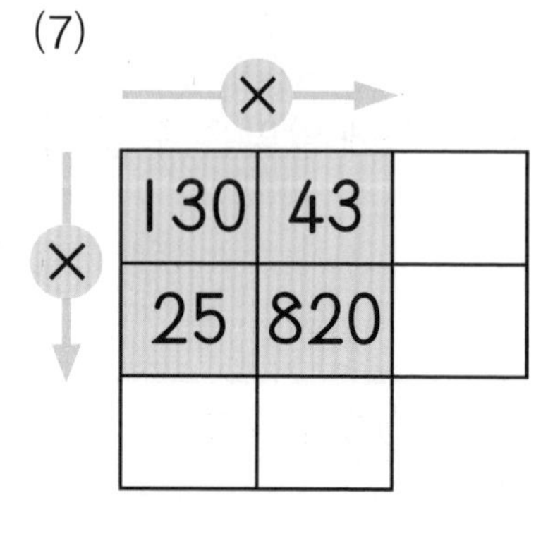

(6)

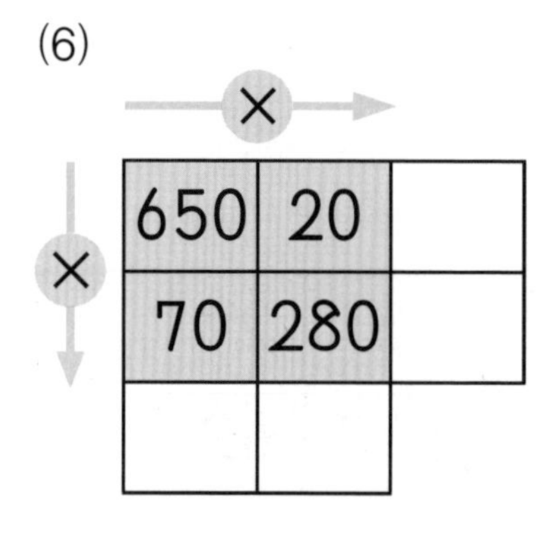

(8)

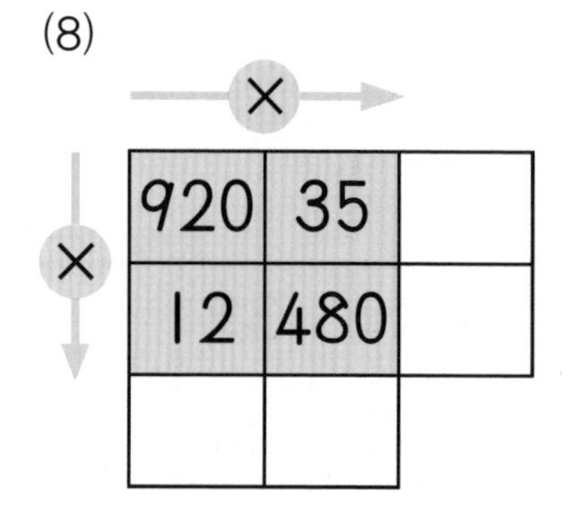

● 빈 곳에 알맞은 수를 써넣으시오.

(1)

× →		
140	41	
72	105	

(2)

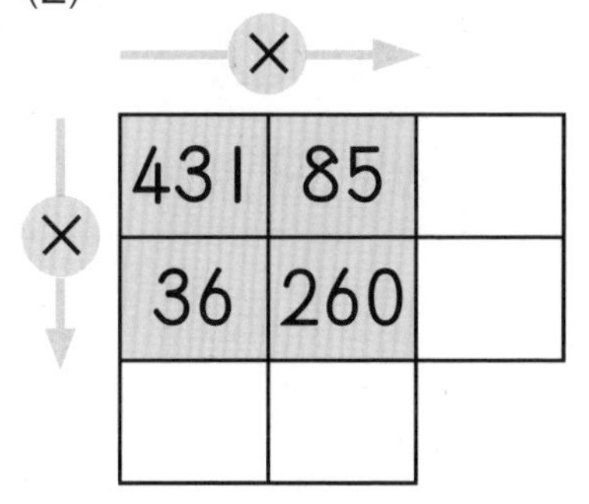

(3)

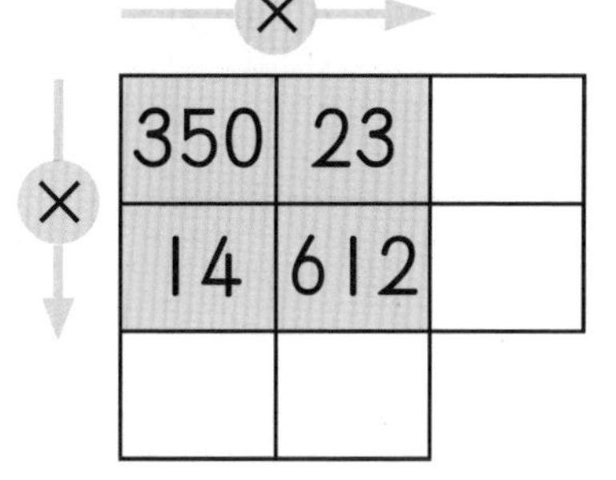

(4)

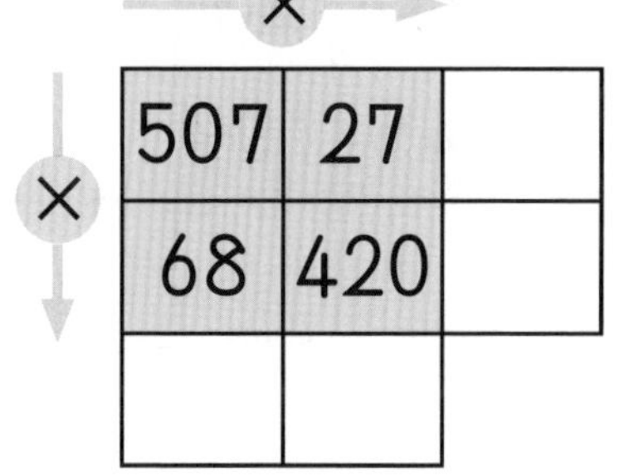

(5)

242	51	
12	310	

(7)

152	16	
25	340	

(6)

414	23	
45	109	

(8)

436	14	
62	920	

● 다음을 읽고 물음에 답하시오.

(1) 하루는 24시간입니다. 5월은 모두 몇 시간입니까?

( )

(2) 아이스크림을 1분에 23개씩 만드는 기계가 있습니다. 이 기계가 쉬지 않고 40분 동안 만들 수 있는 아이스크림은 모두 몇 개입니까?

( )

(3) 수연이는 90쪽짜리 수학 문제집을 한 권 샀습니다. 수학 문제가 한 쪽에 12문제씩 있습니다. 수학 문제집 한 권에는 모두 몇 문제가 있습니까?

( )

(4) 효진이는 길이가 45 mm인 종이테이프 11장을 겹치지 않게 이어 붙였습니다. 이어 붙인 종이테이프의 전체 길이는 몇 mm입니까?

( )

(5) 운동장에 학생들이 한 줄에 22명씩 35줄로 서 있습니다. 운동장에 서 있는 학생은 모두 몇 명입니까?

( )

(6) 사탕이 한 봉지에 18개씩 들어 있습니다. 43봉지에 들어 있는 사탕은 모두 몇 개입니까?

( )

● 다음을 읽고 물음에 답하시오.

(1) 동훈이는 500원짜리 동전을 모두 26개 모았습니다. 동훈이가 모은 돈은 모두 얼마입니까?

( )

(2) 하영이는 줄넘기를 하루에 120개씩 합니다. 60일 동안에는 줄넘기를 모두 몇 개 하게 됩니까?

( )

(3) 어느 유람선의 정원은 150명이라고 합니다. 이 유람선이 정원을 모두 태운 상태로 30번 운행했을 때, 유람선에 탔던 사람은 모두 몇 명입니까?

( )

(4) 1년은 365이라고 할 때, 20년은 모두 며칠입니까?

( )

(5) 어느 공장에서 생산한 단추를 한 상자에 283개씩 넣어서 포장하였습니다. 30상자에 들어 있는 단추는 모두 몇 개입니까?

( )

(6) 감자 한 개의 가격은 486원입니다. 감자 15개의 가격은 얼마입니까?

( )

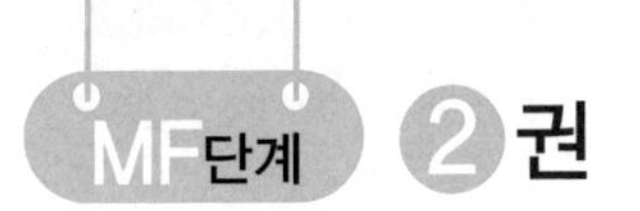

정 답

1주차	197
2주차	199
3주차	202
4주차	204
연산 UP	207

MF01

1	2	3	4	5	6	7	8
(1) 768	(7) 1053	(1) 144	(7) 1003	(1) 528	(7) 1008	(1) 864	(7) 901
(2) 1216	(8) 3618	(2) 870	(8) 759	(2) 1404	(8) 800	(2) 1323	(8) 720
(3) 900	(9) 2368	(3) 798	(9) 1472	(3) 1110	(9) 516	(3) 2340	(9) 1334
(4) 4050	(10) 2116	(4) 910	(10) 1215	(4) 1598	(10) 1900	(4) 1200	(10) 736
(5) 1836	(11) 3060	(5) 2280	(11) 2000	(5) 1218	(11) 1344	(5) 1334	(11) 2496
(6) 4698	(12) 2139	(6) 2632	(12) 2088	(6) 784	(12) 3149	(6) 2553	(12) 2304

MF01

9	10	11	12	13	14	15	16
(1) 645	(7) 918	(1) 1961	(7) 912	(1) 1024	(7) 1980	(1) 1798	(7) 1386
(2) 625	(8) 832	(2) 3024	(8) 2214	(2) 1372	(8) 1008	(2) 1188	(8) 1274
(3) 1560	(9) 1632	(3) 2535	(9) 3082	(3) 2491	(9) 4088	(3) 4550	(9) 3192
(4) 540	(10) 1161	(4) 636	(10) 3816	(4) 3380	(10) 3712	(4) 1872	(10) 1539
(5) 1677	(11) 2030	(5) 1820	(11) 3000	(5) 4288	(11) 2208	(5) 2800	(11) 2220
(6) 3135	(12) 2400	(6) 3000	(12) 2550	(6) 2590	(12) 3311	(6) 2156	(12) 5070

MF01

17	18	19	20	21	22	23	24
(1) 510	(7) 2184	(1) 1696	(7) 1664	(1) 1881	(7) 3363	(1) 1188	(7) 400
(2) 966	(8) 2208	(2) 1170	(8) 1638	(2) 2280	(8) 2117	(2) 1139	(8) 567
(3) 2530	(9) 768	(3) 2730	(9) 1292	(3) 1900	(9) 1440	(3) 2000	(9) 240
(4) 2346	(10) 1218	(4) 3850	(10) 3536	(4) 2900	(10) 4118	(4) 3480	(10) 261
(5) 3500	(11) 4500	(5) 3015	(11) 3510	(5) 2944	(11) 2080	(5) 3024	(11) 322
(6) 3003	(12) 2730	(6) 1728	(12) 3115	(6) 1501	(12) 4048	(6) 2686	(12) 229

MF01

25	26	27	28	29	30	31	32
(1) 990	(7) 4100	(1) 225	(7) 1188	(1) 714	(7) 2800	(1) 1400	(7) 205
(2) 1755	(8) 3770	(2) 1560	(8) 1800	(2) 3504	(8) 2720	(2) 396	(8) 222
(3) 2808	(9) 1898	(3) 1739	(9) 1800	(3) 2223	(9) 2964	(3) 3160	(9) 282
(4) 2079	(10) 2048	(4) 2193	(10) 1062	(4) 3264	(10) 5100	(4) 1908	(10) 273
(5) 3276	(11) 1264	(5) 2090	(11) 2546	(5) 5106	(11) 2774	(5) 1972	(11) 1512
(6) 5440	(12) 4032	(6) 1488	(12) 1850	(6) 1079	(12) 2470	(6) 3108	(12) 333

MF01

33	34	35	36	37	38	39	40
(1) 308	(7) 952	(1) 408	(7) 864	(1) 806	(7) 299	(1) 529	(7) 1452
(2) 2090	(8) 4503	(2) 3510	(8) 1920	(2) 945	(8) 3245	(2) 2100	(8) 2420
(3) 2537	(9) 2806	(3) 1340	(9) 4002	(3) 3528	(9) 5780	(3) 2124	(9) 3630
(4) 3072	(10) 2844	(4) 3480	(10) 1566	(4) 4450	(10) 1599	(4) 2275	(10) 5082
(5) 1680	(11) 2158	(5) 2508	(11) 4884	(5) 3591	(11) 4200	(5) 6020	(11) 6776
(6) 7200	(12) 4700	(6) 4940	(12) 5115	(6) 3825	(12) 4508	(6) 6900	(12) 8712

MF02

1	2	3	4	5	6	7	8
(1) 600	(7) 2880	(1) 21000	(7) 18800	(1) 27600	(7) 21200	(1) 48000	(7) 37200
(2) 2000	(8) 3000	(2) 12000	(8) 13800	(2) 14800	(8) 37000	(2) 25200	(8) 57400
(3) 4200	(9) 6080	(3) 20000	(9) 26800	(3) 23000	(9) 49200	(3) 46800	(9) 21600
(4) 3360	(10) 1260	(4) 16000	(10) 11000	(4) 11400	(10) 32200	(4) 37100	(10) 32000
(5) 1800	(11) 121	(5) 54000	(11) 20400	(5) 19600	(11) 13600	(5) 64800	(11) 39200
(6) 1140	(12) 484	(6) 63000	(12) 24500	(6) 20000	(12) 43200	(6) 52000	(12) 89100

MF02

9	10	11	12	13	14	15	16
(1) 23400	(7) 14400	(1) 19200	(7) 18000	(1) 15200	(7) 27200	(1) 26600	(7) 34400
(2) 10200	(8) 14100	(2) 46800	(8) 49600	(2) 23400	(8) 22400	(2) 43200	(8) 25200
(3) 9800	(9) 37100	(3) 31000	(9) 55200	(3) 31000	(9) 17400	(3) 31600	(9) 46200
(4) 52200	(10) 33000	(4) 66600	(10) 20000	(4) 16800	(10) 25800	(4) 22500	(10) 13800
(5) 25200	(11) 58400	(5) 58100	(11) 9400	(5) 17400	(11) 64800	(5) 19500	(11) 28000
(6) 51800	(12) 41000	(6) 28800	(12) 34400	(6) 58400	(12) 49000	(6) 49200	(12) 38000

MF02

17	18	19	20	21	22	23	24
(1) 4900	(7) 19560	(1) 25480	(7) 25000	(1) 9360	(7) 28500	(1) 10680	(7) 36300
(2) 15280	(8) 20510	(2) 16760	(8) 19600	(2) 20760	(8) 14920	(2) 26000	(8) 66800
(3) 21900	(9) 13080	(3) 49140	(9) 29330	(3) 38100	(9) 48960	(3) 17520	(9) 28920
(4) 16890	(10) 33200	(4) 31350	(10) 34380	(4) 59600	(10) 26400	(4) 23670	(10) 34120
(5) 44030	(11) 30560	(5) 22740	(11) 29840	(5) 25710	(11) 28020	(5) 8780	(11) 82260
(6) 67590	(12) 32820	(6) 17500	(12) 42400	(6) 48700	(12) 59570	(6) 24640	(12) 59600

MF02

25	26	27	28	29	30	31	32
1) 2583	(7) 3108	(1) 5061	(7) 7282	(1) 7636	(7) 5499	(1) 5768	(7) 6384
2) 3472	(8) 6913	(2) 6816	(8) 12792	(2) 9952	(8) 17388	(2) 21892	(8) 21402
3) 2756	(9) 6552	(3) 3876	(9) 5356	(3) 8673	(9) 11242	(3) 10983	(9) 8073
4) 5328	(10) 10336	(4) 9951	(10) 13113	(4) 17302	(10) 16182	(4) 21462	(10) 25092
5) 3768	(11) 5343	(5) 9042	(11) 6132	(5) 6252	(11) 7356	(5) 12873	(11) 9256
6) 6783	(12) 9284	(6) 13082	(12) 10752	(6) 16492	(12) 13041	(6) 19282	(12) 15162

MF02

33	34	35	36	37	38	39	40
1) 11799	(7) 7692	(1) 12894	(7) 15372	(1) 2130	(7) 16376	(1) 7986	(7) 10311
2) 27642	(8) 20823	(2) 13926	(8) 8173	(2) 5382	(8) 25728	(2) 26789	(8) 10712
3) 31772	(9) 22816	(3) 23463	(9) 11508	(3) 26322	(9) 13048	(3) 18348	(9) 21210
4) 13083	(10) 8664	(4) 8676	(10) 10816	(4) 14832	(10) 9030	(4) 18252	(10) 31046
5) 14994	(11) 17052	(5) 17886	(11) 11856	(5) 31434	(11) 10550	(5) 16276	(11) 21888
6) 10094	(12) 9972	(6) 25513	(12) 29536	(6) 8216	(12) 6192	(6) 13680	(12) 31722

MF03

1	2	3	4	5	6	7	8
(1) 196	(7) 748	(1) 2904	(6) 3024	(1) 3744	(7) 7568	(1) 3013	(7) 516
(2) 1320	(8) 2250	(2) 3036	(7) 2829	(2) 9982	(8) 9450	(2) 3124	(8) 535
(3) 1518	(9) 3762	(3) 2968	(8) 6752	(3) 9306	(9) 7383	(3) 7623	(9) 696
(4) 851	(10) 1794	(4) 6996	(9) 6699	(4) 4290	(10) 10624	(4) 12240	(10) 720
(5) 2494	(11) 5916	(5) 9503	(10) 4080	(5) 8000	(11) 8260	(5) 4199	(11) 865
(6) 4248	(12) 3040		(11) 6760	(6) 8463	(12) 16000	(6) 20000	(12) 932

MF03

9	10	11	12	13	14	15	16
(1) 1728	(7) 6816	(1) 3484	(7) 4352	(1) 3795	(7) 9056	(1) 1845	(7) 414
(2) 1599	(8) 6946	(2) 6804	(8) 9776	(2) 6528	(8) 8700	(2) 7770	(8) 499
(3) 13250	(9) 6840	(3) 8184	(9) 5850	(3) 18073	(9) 12804	(3) 7905	(9) 142
(4) 6496	(10) 5700	(4) 7650	(10) 10290	(4) 13975	(10) 20384	(4) 6318	(10) 108
(5) 12000	(11) 6886	(5) 5562	(11) 10106	(5) 18630	(11) 10235	(5) 7981	(11) 147
(6) 9504	(12) 8841	(6) 7194	(12) 13545	(6) 13344	(12) 6540	(6) 20904	(12) 191

MF03

17	18	19	20	21	22	23	24
(1) 5508	(7) 3772	(1) 7845	(7) 27144	(1) 21216	(7) 22134	(1) 8720	(7) 33088
(2) 2601	(8) 10395	(2) 23521	(8) 13320	(2) 16300	(8) 34006	(2) 12558	(8) 43332
(3) 7560	(9) 4816	(3) 23294	(9) 8125	(3) 34545	(9) 21114	(3) 28080	(9) 60320
(4) 10971	(10) 10626	(4) 15168	(10) 30135	(4) 23232	(10) 43368	(4) 55002	(10) 31476
(5) 15666	(11) 15470	(5) 39655	(11) 44340	(5) 44442	(11) 62700	(5) 70110	(11) 19992
(6) 11568	(12) 21571	(6) 44950	(12) 25130	(6) 54404	(12) 59535	(6) 42744	(12) 33485

MF03

25	26	27	28	29	30	31	32
(1) 12768	(7) 25785	(1) 8160	(7) 14364	(1) 6370	(7) 13902	(1) 7436	(7) 10212
(2) 17919	(8) 21862	(2) 8384	(8) 25234	(2) 4853	(8) 31008	(2) 15096	(8) 25398
(3) 51832	(9) 46624	(3) 18315	(9) 44208	(3) 24957	(9) 21918	(3) 27000	(9) 35000
(4) 32900	(10) 17094	(4) 13792	(10) 29592	(4) 17816	(10) 41616	(4) 17100	(10) 30056
(5) 31542	(11) 49647	(5) 16380	(11) 59840	(5) 45479	(11) 39260	(5) 31948	(11) 10476
(6) 55476	(12) 82824	(6) 42000	(12) 24284	(6) 45600	(12) 20688	(6) 20061	(12) 55578

MF03

33	34	35	36	37	38	39	40
(1) 6000	(7) 4148	(1) 9300	(7) 5129	(1) 4921	(7) 27300	(1) 10011	(7) 4158
(2) 19200	(8) 11309	(2) 20066	(8) 25308	(2) 10000	(8) 20916	(2) 25725	(8) 3994
(3) 23036	(9) 9175	(3) 25748	(9) 28290	(3) 25272	(9) 29568	(3) 44806	(9) 7468
(4) 33768	(10) 29754	(4) 28680	(10) 28635	(4) 50660	(10) 38505	(4) 18837	(10) 3480
(5) 23674	(11) 50048	(5) 22788	(11) 46536	(5) 47736	(11) 40420	(5) 38700	(11) 7440
(6) 40000	(12) 68730	(6) 46915	(12) 44128	(6) 51128	(12) 99245	(6) 20358	(12) 9594

MF04

1	2	3	4	5	6	7	8
(1) 140	(9) 84	(1) 108	(9) 86	(1) 126	(9) 308	(1) 208	(9) 144
(2) 84	(10) 108	(2) 360	(10) 125	(2) 65	(10) 276	(2) 135	(10) 84
(3) 93	(11) 66	(3) 128	(11) 166	(3) 74	(11) 54	(3) 144	(11) 330
(4) 248	(12) 246	(4) 330	(12) 188	(4) 228	(12) 288	(4) 243	(12) 57
(5) 75	(13) 68	(5) 99	(13) 468	(5) 138	(13) 203	(5) 322	(13) 128
(6) 48	(14) 246	(6) 81	(14) 76	(6) 405	(14) 255	(6) 680	(14) 75
(7) 78	(15) 106	(7) 224	(15) 440	(7) 112	(15) 126	(7) 488	(15) 196
(8) 216	(16) 184	(8) 172	(16) 294	(8) 348	(16) 354	(8) 380	(16) 300

MF04

9	10	11	12	13	14	15	16
(1) 112	(9) 186	(1) 152	(9) 159	(1) 520	(9) 3075	(1) 1036	(9) 1188
(2) 171	(10) 272	(2) 240	(10) 207	(2) 1232	(10) 1008	(2) 636	(10) 1314
(3) 296	(11) 427	(3) 140	(11) 78	(3) 3258	(11) 4760	(3) 3426	(11) 708
(4) 528	(12) 162	(4) 318	(12) 534	(4) 5096	(12) 5319	(4) 964	(12) 6606
(5) 138	(13) 237	(5) 145	(13) 568	(5) 1080	(13) 768	(5) 1914	(13) 872
(6) 52	(14) 84	(6) 261	(14) 308	(6) 546	(14) 3292	(6) 6462	(14) 4328
(7) 260	(15) 196	(7) 146	(15) 603	(7) 3003	(15) 1734	(7) 2481	(15) 1476
(8) 518	(16) 588	(8) 476	(16) 288	(8) 3642	(16) 4902	(8) 8105	(16) 16128

MF04

17	18	19	20	21	22	23	24
(1) 252	(7) 676	(1) 756	(7) 594	(1) 775	(7) 2368	(1) 704	(7) 2988
(2) 574	(8) 506	(2) 704	(8) 516	(2) 1888	(8) 3584	(2) 1564	(8) 1890
(3) 920	(9) 1222	(3) 504	(9) 1134	(3) 918	(9) 1755	(3) 1320	(9) 2050
(4) 255	(10) 961	(4) 697	(10) 1984	(4) 1505	(10) 1377	(4) 1008	(10) 1890
(5) 396	(11) 480	(5) 644	(11) 798	(5) 923	(11) 1536	(5) 444	(11) 589
(6) 468	(12) 338	(6) 1325	(12) 1296	(6) 1690	(12) 1305	(6) 5082	(12) 2700

MF04

25	26	27	28	29	30	31	32
(1) 192	(7) 630	(1) 418	(7) 552	(1) 936	(7) 2010	(1) 1729	(7) 1548
(2) 1870	(8) 1162	(2) 1344	(8) 2522	(2) 1505	(8) 1650	(2) 2346	(8) 3738
(3) 3195	(9) 1876	(3) 2788	(9) 2268	(3) 2028	(9) 406	(3) 784	(9) 406
(4) 1102	(10) 2107	(4) 378	(10) 663	(4) 912	(10) 1444	(4) 1887	(10) 3311
(5) 1638	(11) 2409	(5) 1148	(11) 1728	(5) 1166	(11) 2632	(5) 888	(11) 1176
(6) 322	(12) 2464	(6) 1974	(12) 2378	(6) 3608	(12) 2376	(6) 2940	(12) 4819

MF04

33	34	35	36	37	38	39	40
(1) 5200	(7) 10716	(1) 11309	(7) 31032	(1) 4200	(7) 42496	(1) 3438	(7) 2523
(2) 9387	(8) 19944	(2) 3388	(8) 37944	(2) 15666	(8) 10850	(2) 18975	(8) 6090
(3) 42148	(9) 20786	(3) 28662	(9) 6460	(3) 23504	(9) 39312	(3) 8778	(9) 6657
(4) 15582	(10) 28830	(4) 24862	(10) 18575	(4) 3192	(10) 8820	(4) 39270	(10) 2732
(5) 26732	(11) 23154	(5) 25785	(11) 3696	(5) 18116	(11) 17220	(5) 17550	(11) 2022
(6) 12040	(12) 33258	(6) 25272	(12) 33744	(6) 12768	(12) 37824	(6) 18090	(12) 2669

연산 UP

1	2	3	4
1) 1204	(7) 726	(1) 3840	(7) 3388
2) 1368	(8) 3640	(2) 5440	(8) 4743
3) 832	(9) 1207	(3) 38800	(9) 5192
4) 1998	(10) 1612	(4) 23720	(10) 13932
5) 3655	(11) 2668	(5) 58480	(11) 8778
6) 2814	(12) 3872	(6) 57226	(12) 12670

연산 UP

5	6	7	8
1) 14944	(7) 18792	(1) 1000	(9) 2340
2) 14661	(8) 49248	(2) 1620	(10) 16720
3) 30000	(9) 52668	(3) 2852	(11) 16800
4) 10528	(10) 20244	(4) 3825	(12) 51460
5) 42432	(11) 18095	(5) 13600	(13) 17050
6) 33624	(12) 43792	(6) 7500	(14) 21840
		(7) 21500	(15) 10640
		(8) 24080	(16) 23300

연산 UP

9

(1)

22	35	770
45	18	810
990	630	

(2)

16	32	512
25	24	600
400	768	

(3)

14	75	1050
27	46	1242
378	3450	

(4)

31	27	837
70	62	4340
2170	1674	

10

(5)

300	17	5100
46	500	23000
13800	8500	

(6)

650	20	13000
70	280	19600
45500	5600	

(7)

130	43	5590
25	820	20500
3250	35260	

(8)

920	35	32200
12	480	5760
11040	16800	

11

(1)

140	41	5740
72	105	7560
10080	4305	

(2)

431	85	36635
36	260	9360
15516	22100	

(3)

350	23	8050
14	612	8568
4900	14076	

(4)

507	27	13689
68	420	28560
34476	11340	

12

(5)

242	51	1234
12	310	372
2904	15810	

(6)

414	23	952
45	109	490
18630	2507	

(7)

152	16	243
25	340	850
3800	5440	

(8)

436	14	610
62	920	570
27032	12880	

연산 UP

13

(1) 744시간

(2) 920개

(3) 1080문제

14

(4) 495㎜

(5) 770명

(6) 774개

15

(1) 13000원

(2) 7200개

(3) 4500명

16

(4) 7300일

(5) 8490개

(6) 7290원